高等学校安全科学与工程系列教材

工业安全管理

李振明　主　编
蒋永清　鲁　义　副主编

化学工业出版社
·北京·

内容简介

《工业安全管理》以安全生产标准化管理的基本要求为主线，重点介绍各工业生产过程中的安全风险辨识和隐患排查方法，以生产工艺技术知识与过程安全管理相融合的思路编写，达到管生产与管安全相结合的学习目的。全书介绍工业生产发展与体系知识，安全生产标准化管理规范，重点介绍化工、建筑施工、机械电气、冶金、建材、纺织、造纸等行业或领域的生产工艺、安全管理，介绍应急管理与救援技术、职业危害与健康知识。旨在让读者能比较全面地了解各行业安全风险辨识与分级管控、隐患排查治理的方法，能对工业生产过程的管理有比较全面的了解，这些安全管理知识和要求也是安全工作者必须掌握的、各行业通用的。

本书主要作为高等学校安全工程类专业教材、高校工科类专业学生学习企业安全知识时的教学参考书，也可以作为安全生产领域政府监管人员、企业管理人员和工程技术人员的学习参考资料。

图书在版编目（CIP）数据

工业安全管理/李振明主编；蒋永清，鲁义副主编. —北京：化学工业出版社，2022.12（2025.5重印）

ISBN 978-7-122-42656-7

Ⅰ.①工… Ⅱ.①李…②蒋…③鲁… Ⅲ.①工业安全-安全管理 Ⅳ.①X931

中国版本图书馆CIP数据核字（2022）第245205号

责任编辑：高 震 杜进祥　　文字编辑：王春峰 陈小滔
责任校对：宋 玮　　装帧设计：韩 飞

出版发行：化学工业出版社（北京市东城区青年湖南街13号 邮政编码100011）
印　　装：北京盛通数码印刷有限公司
710mm×1000mm 1/16 印张15 字数294千字 2025年5月北京第1版第2次印刷

购书咨询：010-64518888　　售后服务：010-64518899
网　　址：http://www.cip.com.cn
凡购买本书，如有缺损质量问题，本社销售中心负责调换。

定　价：48.00元

前言

为顺应时代发展的要求，充分体现国家和政府对安全工作的重视，贯彻落实“管行业必须管安全、管业务必须管安全，管生产经营必须管安全”的原则，将安全理念融入各行业的生产与过程管理之中，学习并掌握各行业生产过程中的安全风险辨识和隐患排查方法，能及时适应各行业安全管理的工作。本书以安全生产标准化管理为主线，以企业风险分级管控与隐患排查为重点，突出工业安全管理的基本知识与方法的学习，系统介绍工业行业的生产工艺技术与事故风险防范方法，使读者掌握各工业生产过程的安全管理要求，及时应用到生产管理过程之中。

全书结合当前我国安全生产管理的政策法规要求，在介绍每个工业生产工艺技术与管理知识内容的同时，介绍各工业企业常见的事故风险与防范措施，并列出事故案例警示，让读者在学习时能一并掌握生产企业事故预防方法，形成良好的安全生产风险防范意识，为企业的生产管理奠定良好的专业基础。

本书第一章介绍工业生产基本概念和工业生产安全管理方法。第二章介绍工业生产安全标准化基本知识，重点在风险管控与隐患排查治理方法，突出现场安全管理—安全目视化管理的应用。第三章介绍化工生产过程的工艺知识与事故风险辨识，重点在单元操作的危险性分析、危险化学品安全生产标准化管理要求。第四章介绍建筑施工安全管理知识，重点在建筑施工安全标准化管理、危险源辨识、智慧工地安全管理，提出建筑施工常见事故风险与防范措施。第五章介绍机械电气工业安全管理知识，重点在机械加工安全技术与风险防范、电气安全知识与风险辨识方法、机械电气安全的有效管理方法。第六章介绍冶金工业安全管理知识，重点在钢铁生产工艺流程、冶金工业安全标准化要求，以及冶金工业的危险源辨识方法等。第七章介绍建材工业安全管理，重点在玻璃工业安全标准化管理和水泥工业生产工艺与安全管理。第八章介绍纺织工业安全管理知识，重点在纺织企业生产工艺特点及组成、危险源辨识与生产安全管理标准化要求。第九章介绍造纸工业安全管理，重点在造纸生产工艺特点、常见事故风险与隐患排查方法。第十章介绍应急管理与救援技术知识，重点在应急管理的基本知识，可视化应急救援指挥系统、无人机监测技术与机器人救援方法等前沿救援技术。第十一章介绍职业危害与健康、职业安全健康管理体系等方面的知识，以及工业生产过程中职业危害的预防等内容。

本书编写分工如下：浙江工业大学李振明负责拟定编写大纲，组织编写、统稿，并承担了第一章、第二章、第三章第一节，第四章第四、五节，第五章第一、二节，第七章第二节，第十章第一、二、三节的编写，哈尔滨理工大学蒋永清编写第七章第一节，第八章，第九章第三、四、五节；湖南科技大学鲁义编写第六章，第十章第四、五、六、七节，第十一章；浙江工业大学的王睿编写第三章第二、三、四、五节，张莉编写第四章第一、二、三节，田新娇编写第五章第三、四节，阮继锋编写第五章第五节，潘杰峰编写第九章第一、二节。

辽宁工程技术大学朱宝岩教授担任本书的主审，提出了非常宝贵的意见。本书得到浙江工业大学化学工程学院领导和安全工程系同仁的大力支持。同时，也征求了国内多位安全工程专业教师的意见和建议，在此一并表示感谢。由于时间仓促，不妥之处在所难免，敬请读者多提宝贵意见。

浙江工业大学

李振明

2022年8月5日

目录

第一章　绪论 ······ 1

第一节　工业生产 ······ 1
一、工业生产的定义与分类 ······ 1
二、工业生产体系 ······ 3
三、现代工业与工业集成系统 ······ 3
第二节　工业安全生产管理方法 ······ 5
一、工业安全生产现状 ······ 5
二、安全生产是经济发展的前提 ······ 5
三、工业企业生产事故特点 ······ 7
四、常见的工业安全管理模式 ······ 7
思考题 ······ 13

第二章　工业企业安全生产标准化管理 ······ 14

第一节　工业生产过程 ······ 14
一、工业企业和产品的生产过程 ······ 14
二、企业安全生产标准化 ······ 17
三、安全风险分级管控与隐患排查治理 ······ 19
四、安全风险辨识和评价的方法 ······ 20
五、企业安全目视化管理 ······ 23
六、企业常用的安全管理方法 ······ 25
第二节　生产安全的总体要求 ······ 28
一、安全与生产的关系 ······ 28
二、安全生产管理组织保障 ······ 30
三、生产过程应急处理要求 ······ 31
思考题 ······ 32

第三章　化工及危险化学品安全管理 …… 33
第一节　化工过程安全管理 …… 33
一、概述 …… 33
二、化工生产过程与工艺类型 …… 33
三、无机化工生产过程工艺特点 …… 36
四、有机化工生产过程工艺特点 …… 36
五、化工生产安全管理 …… 37
六、HAZOP分析和LOPA-SIL定级的应用方法 …… 38
第二节　化工单元操作的危险性分析 …… 48
一、加热 …… 48
二、冷却 …… 48
三、加压 …… 49
四、负压 …… 49
五、冷冻 …… 50
六、物料输送 …… 50
七、熔融 …… 51
八、干燥 …… 51
九、蒸发 …… 52
十、蒸馏 …… 52
第三节　典型危险化工工艺及安全措施 …… 53
一、电解工艺（氯碱） …… 53
二、硝化工艺 …… 54
三、裂解（裂化）工艺 …… 54
四、加氢工艺 …… 55
五、氧化工艺 …… 56
六、过氧化工艺 …… 57
七、磺化工艺 …… 57
八、聚合工艺 …… 58
九、偶氮化工艺 …… 58
十、新型煤化工工艺 …… 59
第四节　危险化学品安全管理 …… 59
一、危险化学品分类和危险特性 …… 59

二、危险化学品危险源辨识 …… 61
三、危险化学品企业安全生产标准化管理 …… 66
第五节　化工企业事故案例警示 …… 68
一、某氟硅材料有限公司火灾事故 …… 68
二、某农业科学有限公司爆炸事故 …… 69
思考题 …… 70

第四章　建筑施工安全管理 …… 71

第一节　概述 …… 71
一、建筑工程的分类与特点 …… 72
二、建筑工程事故特点 …… 72
三、建筑工程安全管理 …… 74
第二节　施工组织设计及施工安全技术措施 …… 75
一、施工组织设计 …… 75
二、施工安全技术措施 …… 75
三、专项安全施工组织设计 …… 75
四、危险性较大的分部分项工程安全管理 …… 76
五、建筑施工安全技术 …… 76
第三节　建筑施工安全管理 …… 77
一、建筑施工安全生产标准化 …… 77
二、建筑施工危险源辨识 …… 78
三、建筑施工常见风险与防范措施 …… 79
四、建筑施工企业风险分级管控体系 …… 81
五、LEC法在建筑施工安全风险评估中应用 …… 83
第四节　智慧工地安全管理 …… 87
一、智慧工地建设的意义 …… 88
二、智慧工地技术支撑 …… 88
三、智慧工地的优势 …… 90
四、智慧工地管理系统 …… 91
第五节　建筑施工事故案例警示 …… 93
一、某建工公司一般高处坠落事故 …… 93

二、某建筑工程有限公司高处坠落事故 …… 94
思考题 …… 95

第五章　机械电气工业安全管理 …… 96

第一节　机械加工工艺 …… 96
一、概述 …… 96
二、机械加工工艺特点 …… 97
三、机械加工过程及其组成 …… 97
四、机械安全本质化 …… 100
五、机械制造过程安全风险 …… 100
第二节　机械制造加工安全管理 …… 101
一、机械设备的基本危险因素 …… 102
二、机械设备的安全防护 …… 103
三、机械加工工艺危险源辨识 …… 104
第三节　电气安全管理 …… 108
一、概述 …… 108
二、电气安全规范 …… 108
三、常见电气安全风险辨识 …… 109
四、电气安全管理方法 …… 111
第四节　防火和防爆危险场所的电气安全技术 …… 112
一、防火和防爆电气设备的选用 …… 112
二、电气线路的选择 …… 113
三、设备与线路的安全运行 …… 113
四、间距与隔离方法 …… 113
五、通风措施 …… 114
六、接地要求 …… 114
七、电气灭火方法 …… 115
八、电工安全用具选择 …… 115
第五节　机械电气事故案例警示 …… 116
一、机械伤害事故案例警示 …… 116
二、电气事故案例警示 …… 117
思考题 …… 119

第六章　冶金工业安全管理 ······ 120

第一节　概述 ······ 120
第二节　钢铁生产工艺 ······ 120
一、钢铁生产工艺流程 ······ 120
二、轧钢生产工艺 ······ 125
第三节　冶金工业危险源辨识与风险管理 ······ 125
一、冶金工业常见危险源辨识 ······ 125
二、冶金企业风险分级管控 ······ 126
三、安全风险评估 ······ 134
四、风险分级管控 ······ 135
五、风险管控信息管理 ······ 136
六、冶金企业重大危险源辨识 ······ 137
第四节　安全生产标准化管理与事故预防对策 ······ 138
一、安全生产标准化管理基本规范评分细则 ······ 138
二、冶金生产事故预防策略 ······ 140
第五节　冶金企业常见事故案例警示 ······ 141
一、广西某冶金有限公司“9·17”烫伤事故 ······ 141
二、辽宁某冶金装备制造有限责任公司“5·8”起重伤害事故 ······ 142
思考题 ······ 142

第七章　建材工业安全管理 ······ 143

第一节　玻璃工业安全管理 ······ 143
一、概述 ······ 143
二、玻璃企业常见事故风险 ······ 146
三、玻璃企业事故风险辨识 ······ 147
四、玻璃企业安全生产标准化管理 ······ 147
五、玻璃企业事故案例警示 ······ 152
第二节　水泥工业安全管理 ······ 152
一、概述 ······ 152
二、水泥行业常见事故风险 ······ 155

三、水泥行业安全生产标准化管理 …… 156
四、水泥企业生产事故案例警示 …… 158
思考题 …… 159

第八章 纺织工业安全管理 …… 160

第一节 概述 …… 160
一、纺织工艺流程 …… 160
二、纺纱工艺流程 …… 160
三、织造工艺流程 …… 161
四、印染 …… 162
五、成衣 …… 162
第二节 纺织企业危险源辨识 …… 163
一、棉（麻、毛、丝绢、化纤和针织）纺织加工危险源辨识 …… 163
二、染整加工危险源辨识 …… 166
三、服装加工危险源辨识 …… 166
第三节 纺织企业生产安全管理标准化 …… 167
一、典型纺织工艺设备作业安全 …… 167
二、纺织企业事故案例警示 …… 170
思考题 …… 171

第九章 造纸工业安全管理 …… 172

第一节 概述 …… 172
第二节 造纸企业生产过程 …… 174
一、制浆段工序 …… 174
二、造纸段工序 …… 176
三、化学品作用 …… 177
第三节 造纸企业常见事故及预防措施 …… 178
一、造纸企业常见事故 …… 178
二、造纸企业中毒事故预防措施 …… 180
第四节 造纸企业安全风险评价方法 …… 182
一、有限空间作业安全风险评价 …… 182

二、触电事故风险评价 ……………………………………………………… 184
第五节　造纸企业事故警示案例 ………………………………………… 187
一、某纸业有限公司较大中毒事故 ……………………………………… 187
二、某造纸有限公司一般车辆伤害事故 ………………………………… 188
思考题 ………………………………………………………………………… 188

第十章　应急管理与救援技术 …………………………………… 189

第一节　应急管理基本知识 ……………………………………………… 189
一、应急管理的定义与特点 ……………………………………………… 189
二、应急管理的基本内容 ………………………………………………… 192
第二节　应急管理的体制 ………………………………………………… 192
一、应急管理体制的含义与特点 ………………………………………… 192
二、应急管理构成的要素 ………………………………………………… 193
三、应急管理的基本原则 ………………………………………………… 194
第三节　应急管理体系建设 ……………………………………………… 195
一、应急责任体系建设 …………………………………………………… 195
二、风险管控体系建设 …………………………………………………… 196
三、法规制度体系建设 …………………………………………………… 196
四、应急救援体系建设 …………………………………………………… 196
五、科技支撑体系建设 …………………………………………………… 196
六、社会治理体系建设 …………………………………………………… 197
七、基础保障体系建设 …………………………………………………… 197
第四节　突发事件的管理 ………………………………………………… 197
一、突发事件的内涵 ……………………………………………………… 197
二、突发事件的类别与等级 ……………………………………………… 198
三、突发事件处置能力 …………………………………………………… 199
第五节　应急预案编制与演练 …………………………………………… 201
一、应急预案的编制依据 ………………………………………………… 201
二、应急预案演练原则 …………………………………………………… 201
三、应急预案演练分类 …………………………………………………… 201
第六节　应急救援技术 …………………………………………………… 203
一、可视化应急救援指挥系统 …………………………………………… 203

二、无人机监测技术……204
三、机器人救援方法……205
四、应急安全体验馆功效……207
第七节　应急救援机制与运行……210
一、预防……210
二、救援处置……211
思考题……212

第十一章　职业危害与健康……213

第一节　职业健康安全基本定义……213
一、职业安全……213
二、职业健康……213
三、职业健康安全……213
第二节　职业健康危害的影响因素……214
一、职业健康危害内涵……214
二、职业病种类……214
三、企业常见职业健康危害……216
第三节　职业健康安全管理体系……221
一、实施职业健康安全管理体系的意义……221
二、职业健康安全管理体系的发展……222
三、职业健康安全管理体系的基本要求……223
思考题……225

参考文献……226

第一章
绪论

第一节　工业生产

工业安全管理是在国家安全生产方针的指导下，对工业企业生产过程中存在的各种不安全因素，从技术、组织和管理上采取有效措施，解决和避免各类事故和职业病的发生，保障职工的人身安全和健康，以及企业财产的安全，从而促进企业的健康发展，为提高企业的经济和社会效益服务的过程。学习工业安全管理，首先要了解工业生产的基本知识，掌握工业生产过程中的技术和工艺管理知识，正确开展安全风险辨识和隐患排查整治工作，达到安全生产的目的。

一、工业生产的定义与分类

（一）工业生产定义

工业是指从事自然资源的开采、对采掘品和农产品进行加工或再加工的物质生产部门。工业产业包括采矿业、制造业、电力、热力、燃气及水生产和供应业，建筑业等；这些也称第二产业，是经加工生产后，为社会提供产品的行业。从一般意义上讲，生产就是创造对消费者或其他生产者具有使用价值的商品和劳务。工业生产是人们创造工业产品和提供服务的有组织的活动，是由一个或多个工业企业合作完成的过程。

工业生产主要是指在工厂里进行产品加工的一种作业活动。在工厂里，劳动力（工人、技术人员等）利用动力（燃料、电能）和机械设备将原料制成产品。一种原料可以生产不同的产品，而一种产品又可能由多种原料加工、组装或化合而成。工厂生产的正常进行，除需要劳动力、动力、厂房、设备等基本条件外，还会受到科学技术、政府政策、资金、管理等因素的制约。工业生产的安全可靠性，与企业的规模、劳动者的素质和社会环境密切相关。随着科学技术的迅猛发展，工业生产技术不断进步，工业生产结构也发生了很大的变化。

（二）工业生产的分类

1.重工业和轻工业

工业就其产品性质，可以分为重工业和轻工业两大类。为国民经济各部门提供物质技术基础的主要生产资料的工业称为重工业，如采矿、冶金、机械、电力、建筑材料、化学工业以及新兴的电子计算机工业、核工业、航天工业等。重工业产品大部分用于满足生产的需要，但也有一部分供生活消费需要，如生活用的电力、煤炭等。轻工业主要是指生产消费资料的工业，轻工业与重工业相对，也互有交叉。《轻工业发展规划》（2016—2020年），将轻工业划分为耐用消费品、快速消费品、文化艺术体育休闲用品和轻工机械装备四大领域，涵盖家电、电池、陶瓷、五金、食品、造纸、日化、工艺美术、文教体育用品等31个行业。轻工业是城乡居民生活消费品的主要来源，按其所使用原料的不同，可分为以农产品为原料的轻工业和以非农产品为原料的轻工业两大类。轻工业产品大部分是生活消费品，也有一部分用于生产方面，如工业用的织物、纸张等。

2.劳动密集型工业、资本密集型工业及技术密集型工业

根据劳动力、资本、技术在工业中的相对密集程度，工业可分为劳动密集型工业、资本密集型工业、技术密集型工业。

劳动密集型工业是指使用劳动力多、耗用原材料少、技术装备投资少、技术要求不高、要用大量手工操作的工业部门。例如：服装鞋帽、皮革皮毛制品、家具、日用五金、玩具、乐器、陶瓷等。

资本密集型工业是指在单位产品成本中，资本成本与劳动成本相比所占比例较大，每个劳动者所占用的固定资本和流动资本金额较高的产业。当前，资本密集型产业主要指钢铁业、一般电子与通信设备制造业、运输设备制造业、石油化工、重型机械工业、电力工业等。资本密集型工业主要分布在基础工业和重化工业，一般被看作是发展国民经济、实现工业化的重要基础。

技术密集型工业又称“高度加工工业”“知识密集型工业”。它是随着科学技术的发展，特别是微电子技术的广泛应用以后兴起的。在生产过程中，这类

工业对技术和智力要素的依赖大大超过对其他生产要素的依赖，尤其是对劳动力的素质、生产技术装备、环境和交通等条件要求都较高。技术密集型工业主要分布在高等教育普及率高和科技发达的地区。

二、工业生产体系

工业生产体系又称“工业体系”，指一定地域内各工业内部或各部门间相互结合形成的一个工业生产有机的整体，它在结构上具有合理比例，经济上相互联系，技术上协调发展，合理地利用资源，并具有一定规模，能满足国民经济各方面需要。在各工业部门内，可建立各自的部门工业体系，如钢铁工业体系、电子工业体系、机械工业体系、化学工业体系等。工业体系一般包括从原料到最终产品以及专业设备制造、科研开发、经营管理的完整生产过程。如冶金工业生产体系包括原材料开采与洗选、炼焦、烧结，以及冶炼、轧材等生产过程。在不同的地域范围内，可形成不同层次、不同规模、不同水平的工业体系，如国家工业体系、地区工业体系等。我国要在全国建立独立的、比较完整的现代化工业体系，在各大经济区和省级经济区内建立相对独立、各具特点、不同规模和不同水平的地方工业体系。

工业生产体系的构成除工业生产单位外，还包括：

（1）具有决策和行政功能的管理单位和附属的发展研究单位；

（2）从事原材料采掘、加工或产品修配的企业；

（3）为生产企业服务的物资调运、产品销售服务等辅助单位。

工业体系内各单位之间的功能联系，大体可分为两个范畴：

（1）组织联系；

（2）技术经济联系。

工业化程度越高，工业体系越完善，工业发展的质量越好，社会发展的动力越足。

三、现代工业与工业集成系统

（一）现代工业的定义

现代工业是指采用现代生产技术设备的工业生产。主要包括生产工艺过程的机械化、电气化、自动化，一般泛指计算机的广泛应用以来对现存物质系统飞跃性认知后发展起来的新型高技术、高信息化的工业生产，不同于“新兴工业”的概念。

（二）现代工业特征

现代工业主要特征有：

（1）劳动手段的机械化、电气化、精密化和自动化；

（2）工业结构现代化，主要指产业结构与规模结构的合理组成比例；

（3）工业生产组织现代化，生产实现高度集中化、专业化、协作化和联合化，具有较高的劳动生产率；

（4）工业企业管理手段和方法现代化；

（5）职工结构的现代化，要求拥有大量素质高、技术熟练的生产工人、科技人员与管理人员。

现代工业在国民经济中占主导地位，它反映一个国家、地区的经济发展水平与阶段。工业现代化是经济发展的必经之路和中心环节，必须选择符合现代工业基础的工业现代化途径与目标，选择科学的跳跃追赶战略，才能保证工业现代化的顺利进行。这也是国家与地区工业发展规划与布局研究中的一个重要内容，现代工业布局必须重视和满足现代工业的各种特点与布局要求。

（三）工业集成系统

现代工业主要依据集成系统来实现工业现代化、自动化生产。在现代工业生产过程中，通过机器人的设计与开发，打造无人化的生产环境已经成为很多现代化工业企业的目标。虽然在工业生产领域中已经有很多自动化生产设备在实际使用，但这些自动化设备之间的协同能力较差，距离真正的无人化生产还有一定距离。而工业集成系统已经为现代工业实现了诸多功能，解决了工业自动化的困境，弥补了机器人独立作业的不足。

1.设备高速运作的功能

由于很多机器人设备在识别能力和运动能力上存在不足，除非是在特定的工作环境，否则都很难实现高速生产。而工业集成系统利用了很多开创性的科技，赋予了工业机器人更好的运动能力，通过为机器人设备添加全动力学模型和参数辨识辅助设备，让机器人在不同环境中都具有良好的适应能力。

2.设备柔顺操作的功能

机器人产品由于动力方面的原因，在很多工作场合中始终无法实现柔顺性的工作性能，这也使得很多常见的装配工作机器人在完成工作任务时极为困难，而工业集成系统通过引入力控技术以及6D传感器，让机器人的编程工作变得更加简便，更好地在需要保持恒动力操作的工作中替代人力。

3.设备走位准确的功能

机器的视觉和人体的视觉在原理上相差较大。因此，很多机器设备在需要其运动工作时，往往很难把握住运动的精度。目前，集成系统通过为机器人设计出与速度无关的工作路径规划以及新开发的高精度误差补偿技术，能够让机器人在任何速度下都可以沿着既定轨道行走，真正实现“可见即可得”的工作性能。

在现代化工业生产中，自动化机器设备已经成为一种重要的生产方式，但如何让这些机器设备变得更聪明、更灵活，始终是机器人研发机构面对的一个难题。而工业集成系统通过引入了多项创新的技术，能够让机器设备在工作中表现得更加高效和准确，同时也能够在工作中始终保持良好的动力。

第二节　工业安全生产管理方法

一、工业安全生产现状

安全生产是工业化过程中必然遇到的问题。人类在获取生产资料和生活资料的过程中，难免会受到来自外界或劳动工具的伤害。这种伤害程度在农业社会时是很有限的，但进入工业化、社会化大生产之后，安全生产就成为一个必须严肃对待的社会性问题。安全生产事关经济发展大局，事关社会和谐稳定和人民群众福祉，必须警钟长鸣，常抓不懈。现代工业化企业的生产投入非常大，工序复杂、安全生产影响因素多，事故风险也就相对较高。

二、安全生产是经济发展的前提

工业是国民经济的主动脉，做好工业安全生产是搞好经济建设的必要环节。安全生产是经济发展的前提，也是经济发展的基础，安全既能保护生产力，又能增添生产的动力，安全是无价的财富。没有安全生产，就没有经济的健康发展，也没有社会的公平、公正发展。

安全生产所需的大量投入有赖于经济发展的支撑。事故是工业化进程带来的产物，用马克思的话来说就是“自然的惩罚”。而事故状况与经济发展水平密切相关，发达国家走过的路证明了这一点。第二次世界大战前，美国煤矿每年死亡人数都在2000人以上，德、英、法等国情况类似。20世纪60年代，日本在工业人口仅5000万人的情况下，年事故死亡约6000人。众多国家的经验表明，当一个国家人均GDP在5000美元以下时，经济的高速发展一般难以避免事故增加，且大幅波动；当人均GDP达1万美元时，事故下降，波幅很小；当人均GDP在2万美元以上时，事故得到有效控制。2020年，我国人均GDP超过1万美元，生产安全事故已经得到有效控制，但一般事故依然不断，重大以上事故时有发生。因此，安全生产仍不能松懈，必须强化隐患排查，防范化解重大风险，最大限度防范遏制各类事故的发生，全力保障人民群众生命财产安全。

科技作为第一生产力，它在提升社会生产力发展水平的同时，也必将提升社会的安全生产水平。科技具有对生产力构成要素提供安全生产服务的作用和功能，科技对安全生产方面的影响非常明显，形成了安全生产科学技术领域。安全生产科学技术是科技的重要组成部分，更加直接作用于安全生产。从纵向上来看，安全生产科技对构成工程系统的人、机、料、法、环、管[1]等要素的安全属性都产生作用；从横向上来看，也对遏制重特大事故发生、减少人员和财产损失的各环节产生积极影响。通过安全科学研究实现对人的安全特性的认知以及对人实施安全科技和安全行为的培训，可强化劳动者安全意识和安全能力。运用安全科学技术可以开发本质安全型的机器和生产工具，提供更加有效的个体防护；运用科技方法对“料、法、环”的危险特性进行认知和安全风险评估，可有效指导风险防控技术和措施的制定、实施；运用管理科学和法制手段，通过安全生产的法律、法规和标准体系的实施，实现企业的安全管理与政府的安全监管。总之，安全科学技术可以指导我们在生产过程中采取预防、监控、应急、防护等措施，达到有效预防事故发生的目的，实现安全生产。

“安全第一，预防为主，综合治理”是我国的安全生产方针，工业企业应以此为指导，采取专管与群管相结合的方式，保证安全生产条件和工人处于最佳状态，创造更多的产品。

---

[1] 人、机、料、法、环、管分别指人员、机器、原料、方法、环境、管理。

三、工业企业生产事故特点

经济的发展伴随着事故的发生，必须努力做好事故的预防工作。常见的工业生产安全事故各有其特点，例如，化工行业事故风险较大，具有易燃、易爆、易中毒，高温、高压，有腐蚀等特点。

机械行业生产设备一般都存在着运动零部件，这些可动零部件往往都是发生事故的危险点。工人操作各类机床，如车床、锯床、剪切机等，人与机械设备之间发生接触就可能会发生伤害。

建筑行业施工建造的产品是固定的，而作业人员是流动的，岗位临时作业人员多且文化程度较低，劳动强度大，安全管理较为薄弱。

建材行业几乎都是窑炉煅烧、加工等，存在机械电气伤害和职业健康危害等事故风险。企业普遍存在从业人员安全意识不强，安全管理水平较低等现象，会出现偶发性事故，需要不断提升企业安全科技水平和从业人员的职业健康防护技能，严守岗位作业规程，遵守法律法规，及时开展风险辨识与隐患排查，有效预防事故的发生。

四、常见的工业安全管理模式

我国企业安全生产形势仍旧比较严峻，火灾、爆炸、毒气泄漏和中毒等事故经常发生，造成了严重的人员伤亡、财产损失和重大的环境污染。重特大事故时有发生，给社会经济的快速发展带来了不和谐的音符。事故发生的原因包括人的不安全行为、物的不安全状态和环境（管理）不良等因素，这些因素之间是相互影响、相互制约的。

（一）我国的安全管理发展

我国的安全管理发展经历了四个阶段，如表1-1所示。传统的安全管理模式主要以事故管理模式和经验管理模式为主，缺乏前瞻性。对象型安全管理模式主要是“以人为中心”的管理模式和“以设备为中心”以及“以管理为中心”的管理模式，但在预防事故时会以偏概全，难免顾此失彼。过程安全管理模式针对作业过程中存在的管理缺陷，在一定程度上综合考虑了人、机、环系统，较大地提高了安全管理的效率，但这种模式还没有建立自我约束、自我完善的安全管理长效机制。系统安全管理模式摒弃了传统的事后管理与处理的做法，采取积极的预防措施。

表1-1　我国企业安全管理模式的发展历程

阶段	代表性安全管理模式	安全管理模式的特点	归类
Ⅰ	事故管理模式	吸取事故教训，避免同类事故再次发生	传统安全管理模式
	经验管理模式	依靠个人的经验进行安全管理	
Ⅱ	“以人为中心”的管理模式	以纠正人的不安全行为作为安全管理工作的重点	对象型安全管理模式
	“以设备为中心”的管理模式	以控制设备的不安全状态作为安全管理工作的重点	
	“以管理为中心”的管理模式	把改善作业过程中的管理缺陷作为管理工作的重点	
Ⅲ	“0123”管理模式	以零事故为目标，以一把手负责制为核心的安全生产责任制为保证，以标准化作业、安全标准化班组建设为基础，以全员教育、全面管理、全线预防为对策	过程安全管理模式
Ⅳ	HSE（健康安全环境管理体系）模式	运用系统分析方法对企业经营活动的全过程进行全方位、系统化的风险分析，确定企业经营活动可能发生的危害和在健康、安全、环境等方面产生的后果；通过系统化的预防管理机制并采取有效的防范手段和控制措施消除各类事故隐患	系统安全管理模式
	OSHMS（职业健康安全管理体系）模式	帮助企业建立一种能够实现自我约束的管理体系，旨在通过系统化的预防管理机制，推动企业尽快进入自我约束阶段，最大限度地减少各种工伤事故和职业疾病的发生，达到及时排查隐患，降低事故发生率的目的	

根据安全管理学的知识，为用人单位建立一个动态循环的安全管理过程框架是非常必要的。如OSHMS模式以危害辨识、风险评价和风险控制为动力循环运行，建立起不断改善、持续进步的安全管理模式，通过这种模式可以将风险极大程度地降低，不断提升企业的安全管理水平，有效预防事故的发生。

（二）国际常见的企业安全管理体系

1.国际常见的安全管理模式

国际常见的企业安全管理模式，主要可以归为三类：一是安全管理系统，具有代表性的有：英荷壳牌公司HSE健康安全环境管理系统；通用电气EHS环境健康安全管理模式；埃克森美孚OIMS完整性运作管理系统；埃克森和陶氏SQAS安全质量评定体系。二是基于行为安全的管理活动，具有代表性的有：杜邦公司STOP安全培训观察计划；住友公司KYT伤害预知预警活动；拜耳公司BO行为观察活动；陶氏公司BBP基于行为的绩效活动；巴斯夫公司AHA审计帮助行动等。三是政府或非官方机构（如协会）确定被部分跨国企业采用的安全策略，包括：日本劳动安全协会5S运动；英国、澳大利亚、新西兰、挪威等13国标准组织制定OHSAS18001体系；国际劳工组织OSHMS系统；南非国家职业安全协会NOSA安全五星管理评价系统；各国职业安全管理机构制定的规章。中国采用的安全生产标准化管理方法，属于政府监管管理模式，要求企业按照行业安全标准的规范开展达标创建活动，由政府委托专业机构进行评审和验收，符合安全生产基本要求的，颁发达标证书。

2.杜邦安全管理模式

全球有许多知名的企业都建立了符合自己行业特征的安全管理体系，来实现安全管理运营。其中比较知名的公司有杜邦公司，其安全管理分为风险控制（工艺风险）与文化建设（行为安全）两个大方面。只有将安全管理体系与企业综合管理体系融为一体，通过安全管理的提升，促进企业综合管理水平的提高，才能实现设备可靠性、产品质量、运营效率、行业口碑、员工忠诚度等多方面的效益。

杜邦安全管理体系可以细化为22个关键要素，每个要素都有细化的标准（规程）与最佳实践，而且只有当22个要素有机互动、共同作用时，整个系统才能得以有效运作。22个关键要素内容如下。

（1）文化建设（行为安全）工作的要素包括：强有力的可见的管理层承诺、切实可行的安全工作方针和政策、挑战性的安全目标和指标、直线组织的安全职责、综合性的安全组织、专业安全人员的支持、高标准的安全表现、持续性安全培训及改进、有效的双向沟通、有效的员工激励机制、有效的安全行为审核与再评估、全面的伤害和事故调查与报告。

（2）风险控制（工艺风险）工作的要素包括：人员变更管理、承包商安全管理、紧急响应和应急计划、质量保证、启用前安全检查、机械完整性、设备变更管理、过程安全信息、工艺风险分析、技术变更管理。

（三）我国企业安全管理模式案例

我国的企业数量众多，经济结构经历了从简单加工制造业，到全门类产业的转变；经济活跃区域也从东部沿海“先富带后富”，扩展到“东西部协同全面发展”，涌现出很多安全管理新方法、新模式，现选择几种安全管理模式进行介绍，具体如下。

1.“11440”管理模式

“11440”管理模式是一种全员参与的，以安全生产标准化为基础的管理模式，其内涵是：

1——以行政一把手负责制为关键；

1——以安全第一为核心的安全管理体系；

4——以党政工团为龙头的四线管理机制；

4——以班组安全生产活动为基础的四项安全标准化作业（基础管理标准化，现场管理标准化，岗位操作标准化，岗位纪律标准化）；

0——以死亡、职业病和重大责任事故为零的管理目标为目的。

2.鞍山钢铁公司“0123”管理模式

“0123”管理模式1989年由鞍山钢铁公司创立，并获得“国家劳动保护科学技术进步奖”。其内涵是：

0——重大事故为零的管理目标；

1——以一把手为第一责任者；

2——岗位、班组标准化的双标建设；

3——开展“三不伤害”活动（不伤害他人，不伤害自己，不被别人伤害）。

3.燕山石化“01467”管理模式

“01467”管理模式是燕山石化总结的一种安全管理模式。其内涵是：

0——重大人身、火灾爆炸、生产、设备交通事故为零的目标；

1——一把手抓安全，是企业安全第一责任者；

4——全员、全过程、全方位、全天候的安全管理和监督；

6——安全法规标准系列化、安全管理科学化、安全培训实效化、生产工艺设备安全化、安全卫生设施现代化、监督保证体系化；

7——规章制度保证体系、事故抢救保证体系、设备维护和隐患整改保证体系、安全科研与防范保证体系、安全检查监督保证体系、安全生产责任制保证体系、安全教育保证体系。

4.扬子石化公司“0457”管理模式

“0457”管理模式由扬子石化公司创建，其内容是：

0——围绕事故为零的安全目标；

4——以“四全”（全员、全过程、全方位、全天候）为对策；

5——以五项安全标准化建设（安全法规系列化、安全管理科学化、教育培训正规化、工艺设备安全化、安全卫生设施现代化）为基础；

7——七大安全管理体系（安全生产责任制落实体系、规章制度体系、安全管理体系、教育培训体系、设备维护和整改体系、事故抢救体系、科研防治体系）。

5.“三化五结合”模式

抚顺西露天矿在实践过程中有效开展企业的安全管理，创立了“三化五结合”模式。其内容是：

三化——行为规范化、工作程序化、质量标准化；

五结合——传统管理与现代管理相结合、“反三违”与自主保安全相结合、奖惩与思想教育相结合、主观作用与技术装备相结合、监督检查与超前防范相结合。

6.“12345”管理模式

“12345”管理模式由济南钢铁公司创立，其内涵是：

一会一制——安全委员会制度；

两项管理——基础管理，现场管理；

三种标准——标准化作业，操作规程，岗位安全预案预控；

四种检查——班组、车间、二级厂、公司检查四个层次的安全检查；

五项管理重点——隐患评估管理、文明生产考核、安全文化建设、施工安全合同管理、外用工安全管理。

7.“4321”模式（机制）

“4321”模式（机制）是晋城矿务局经过安全生产持续十余年的稳定发展，总结出的科学、严格、有效的管理模式。该矿的安全管理经历了三个阶段：

第一阶段为事后追踪、亡羊补牢阶段。

第二阶段为系统管理、齐抓共管阶段。

第三阶段为依法治矿、超前防范阶段。

晋城矿务局在安全生产中不断总结、完善，创建了“4321”管理机制。所谓“4321”管理机制是指：

4——四化管理，即安全制度法规化、现场管理动态化、岗位作业标准化、隐患排查网络化；

3——三项基础，即狠抓现场质量达标、岗位作业达标和隐患排查到位；

2——两个机制，即完善安全生产自我管理与自我约束机制；

1——一个目标，即走依法治矿之路，以实现安全生产的长治久安为目标。

“4321”机制的创建，是晋城矿务局长期安全生产实践经验的总结，是依法管理安全的开端和尝试。它的基点是突出人的因素，增强职工的整体素质；它的核心是坚持预防为主、超前防范，变“要我安全”为“我要安全”；它的内涵是强调“软件组合”与“硬件开发”同时并举，一手抓以人为本，一手抓现场基础，坚持两手抓、两手硬、两手见成效；它的结果是落实安全生产责任制，做到一人一岗、一岗一责，在岗守责，失责受罚；它的目的是居安思危，警钟长鸣，保证安全生产的长治久安。

以上各企业的安全管理模式，各有自己的优点，在自己企业采用哪种安全管理方式，应根据自己企业的生产经营特点科学制定管理方法，以求实现有效的安全管理。

在体系化安全管理方面，国家标准化管理委员会一直参加国际职业健康安全管理体系标准的研究制定，1999年经贸委颁布《职业安全卫生管理体系试行标准》；基于OHSAS18001国家质监总局于2001年、2002年颁布了《职业健康安全管理体系　要求》（GB/T 28001）和《职业健康安全管理体系　指南》（GB/T 28002），并于2011年进行了版本更新；对等ISO45001—2018，2020年我国颁布了《职业健康安全管理体系　要求及使用指南》（GB/T 45001），从而使我国职业健康安全管理体系标准保持与国际水平一致。很多企业在进行质量、环境管理体系认证的同时也进行着GB/T 45001的认证。

与此同时，我国煤炭行业从质量标准化保证安全的角度出发，探索出了适合国内企业的煤矿生产质量安全标准化管理体系。鉴于其应用效果显著，在国家安全生产监督管理总局推动下，2010年颁布了《企业安全生产标准化基本规范》（AQ/T 9006），2016年升级为《企业安全生产标准化基本规范》（GB/T 33000）。安全生产标准化工作在我国各行业得到大力推广，并在各行业实施企业安全生产标准化建设定级工作，2021年“加强安全生产标准化建设”写入了《中华人民共和国安全生产法》。

2016年党和国家领导人提出“对易发重特大事故的行业领域采取风险分级管控、隐患排查治理双重预防性工作机制，推动安全生产关口前移，加强应急救援工作，最大限度减少人员伤亡和财产损失”。“双重预防机制”把握了安全管理的核心要义，易于理解和实施，在全国各省受到重视并得到推广和普及。2021年“建立并落实安全风险分级管控和隐患排查治理双重预防工作机制”写入了《中华人民共和国安全生产法》。

思考题

1.工业生产和工业生产体系是什么?

2.现代工业特征是什么?

3.工业集成系统的功能是什么?

4.世界500强企业常见安全管理模式有哪几类?

5.简述杜邦安全管理模式及其应用效果。

第二章

工业企业安全生产标准化管理

第一节　工业生产过程

一、工业企业和产品的生产过程

（一）工业的生产过程

制造任何一种产品都需要经过一定的生产过程，它是指从准备生产该种产品开始，到把它生产出来为止的全部过程。企业将努力对加工过程中的各种因素，包括加工设备、输送装置、工序、在制品存放地点等进行合理的配置，使产品在生产过程中的行程最短、通过速度最快、各种耗费最小，生产出能满足市场需要的产品。

根据观察的角度与考虑的范围不同，生产过程分为两种。

一是企业的生产过程，是在企业范围内各种产品的生产过程和与其直接相连的准备、服务过程的总和。

二是工业产品的生产过程，是指从原材料投入生产开始到制成产品为止的全部过程。产品生产过程的基本内容是工人和机器设备对原材料加工的过程。

1. 企业的生产过程

从对产品生产所起的作用角度，企业的生产过程可以分为五个组成部分。

（1）生产技术准备过程。生产技术准备过程是指产品生产之前所进行的全部生产技术准备工作的过程。具体工作有产品设计、工艺设计、工艺装备设计和制造、材料与工时定额的制定、劳动组织和设备布置的调整等。

（2）基本生产过程。基本生产过程是指企业直接从事加工、制造基本产品的生产过程。如机械企业中的铸造、锻造、机械加工和装配等过程；纺织企业中的纺纱、织布和印染等过程。基本生产过程是企业的主要生产活动。通常，这类产品的产量或产值相对较大，生产时间较长。

（3）辅助生产过程。辅助生产过程是指为保证基本生产过程的正常进行所必需的各种辅助产品的生产活动，包括基本生产过程中使用的企业动力生产、工艺装备的制造、设备维修备件、厂房维修等劳动过程。

（4）生产服务过程。生产服务过程是指为基本生产过程和辅助生产过程所进行的各种生产服务活动，包括原材料、半成品和工具的供应和保管，厂内外的运输等。

（5）附属生产过程。附属生产过程是指企业利用多余的生产能力和资源生产其他副产品的过程，是生产市场所需的不属于企业专业方向的产品的生产过程。如企业从废水、废渣中提炼某些有用的产品，造船厂生产家用绞肉机等。附属生产过程与基本生产过程是相对的，根据市场的需求，企业的附属生产产品也可能转化成企业基本产品。

2.产品的生产过程

产品的生产过程一般包括以下内容：

（1）工艺过程。是直接改变劳动对象的性质、形状、尺寸以及相互发生预定变化的那部分生产过程，同时使之成为成品。在这个过程中，既有劳动的消耗，又有劳动对象的变化，是生产过程最基本的组成部分。

（2）检验过程。是对所加工的毛坯、零件，或原料、半成品、成品的质量进行检验的过程。

（3）运输过程。即劳动对象在加工过程中，在各工序、车间之间的运送过程。这个过程改变的不是劳动对象本身，而是它的空间位置，通常要消耗人的劳动。

（4）自然过程。是指某些需要借助自然力作用的过程，如时效、冷却、干燥、发酵等。若生产过程存在自然过程，则常与劳动过程交替进行。

（5）储存等待过程。是指由于生产技术或组织生产等原因，对劳动对象有计划安排的储存、等待的过程，其目的是便于下一步进行加工、检验或运输。劳动对象在等候过程中要占有库房或生产用地，难免发生各种损耗，增加生产费用。

企业生产过程的五个组成部分既有区别，又有联系。其中基本生产过程占据主导地位，它是企业生产过程中不可缺少的重要组成部分，其他过程则是围绕基本生产过程进行的。随着科学技术的发展，社会分工愈来愈细，生产专业化程度愈来愈高。因此，企业的生产过程将趋向简化，企业之间的协作关系将日益密切。

（二）组织生产过程的要求

建立某种产品的生产过程，不是能生产出该种产品就可以了。生产过程要满足多方面的要求，如：连续性、平行性、比例性、均衡性（节奏性）、准时性。要使产品在生产过程中省时省力，充分利用各种资源，科学管理，安全生产，保证按期、按质、按量地生产物美价廉的产品。

1.连续性的要求

生产过程的连续性是指物料处于不停的运动之中，而且流程尽可能短。产品在生产过程中的各个阶段、各个工序在时间上和空间上要紧密衔接，连续进行，尽量避免或减少中断或等待现象，使劳动对象在整个生产过程中，始终处于连续运动状态，不出现物料的迂回现象。为保证生产过程的连续性，最主要的办法是采用先进的技术和先进的生产流程，使加工、检测、传递机械化和自动化，使生产的各个环节不发生停歇。

2.平行性的要求

生产过程的平行性是指物料在生产过程的各个阶段，各个工序实现平行作业。一般有两种情况：一是组成产品的各种零件和部件，同时在各个生产环节进行生产；二是在大量或成批生产条件下，同种产品或同种零件同时分散在各个生产环节进行生产。组织平行作业，这是生产连续性的必然要求。提高生产过程的平行性，才能大大缩短产品的生产周期，保持生产过程的连续性。企业必须从自己的实际生产条件出发，充分考虑到利用平行生产的可能性。

3.比例性的要求

生产过程的比例性是指生产过程的各个生产阶段、各道工序之间在生产能力上要保持相适应的比例关系。这是保持生产过程顺利的重要条件，如果它的比例性遭到破坏，则生产过程必将出现混乱现象，制约整个生产系统的生产，造成资源浪费，也破坏了生产过程的连续性。

4.均衡性（节奏性）的要求

生产过程的均衡性是指产品的生产从投料到最后完工，能够按计划、有节奏地进行，在相等的一段时间间隔内（如月、旬、日），出产相等或递增数量的产品，使各工作地的负荷相对稳定，不出现前紧后松或松紧不均的现象。均衡性主要表现在原材料等投入、制造和产品的生产等三个环节上。

企业均衡地进行生产，既能够充分利用人力和设备，又有利于保证和提高产品的质量、缩短生产周期、降低产品成本，也有利于安全生产。否则，会既浪费资源，又不能保证质量，还容易引起设备及人身事故。因此，提高生产过程的均衡性有着十分重要的意义。

5.准时性的要求

生产过程的准时性是指生产过程的各分阶段各工序都按后续阶段和工序的需要生产，即按需要的数量生产所需要的产品。它是将企业与客户联系起来，达到供需平衡，这就需要生产过程必须准时，这也是市场经济发展的要求。

合理组织生产过程的五项要求是互相联系、互相制约，相辅相成的，生产系统只有符合组织生产过程的要求，才能有效实现生产过程安全管理。企业生产过程的比例性和平行性是实现生产过程连续性的重要条件，而比例性、平行性和连续性又是保证生产过程均衡性的前提，这也是安全组织生产和有效实施生产计划的基础。

二、企业安全生产标准化

（一）企业安全生产标准化内涵

安全生产标准化以工业生产企业为主，兼顾商贸、交通运输等生产经营类企业，主要体现了“安全第一、预防为主、综合治理”的方针和“以人为本”的科学发展观，强调企业安全生产工作的规范化、科学化、系统化和法制化，强化风险管理和过程控制，注重绩效管理和持续改进，符合安全管理的基本规律，代表了现代安全管理的发展方向，是先进安全管理思想与我国传统安全管理方法、企业具体实际的有机结合。实施安全生产标准化管理可有效提高企业安全生产水平，从而推动我国安全生产状况的根本好转。

企业安全生产标准化，就是指企业通过落实安全生产主体责任，通过全员全过程参与，建立并保持安全管理体系，全面管控生产经营活动各环节的安全生产与职业卫生工作，实现安全健康管理系统化、岗位操作行为规范化、设备设施本质安全化、作业环境器具定置化，并持续改进。

安全生产标准化核心要素包含目标职责、制度化管理、教育培训、现场管理、安全风险管控及隐患排查治理、应急管理、事故管理、持续改进八个方面。

（二）企业安全生产标准化的运行

企业在安全生产管理过程中，要创建一整套保持安全生产标准化的基本流程，不断改进和提升，即PDCA循环，采用“计划（plan）、实施（do）、检查（check）、改进（action）”动态安全管理循环的模式。2010年4月15日，国家安全生产监督管理总局发布了《企业安全生产标准化基本规范》（AQ/T 9006—2010，已废止）。《企业安全生产标准化基本规范》发布以来，国家相继发布了各行业的安全生产标准化评审规范，如冶金等工贸企业安全生产标准化基本规范评分细则、机械制造企业安全质量标准化考核评级标准、冶金企业安全生产标准化评定标准（轧钢、焦化、烧结球团、铁合金、炼钢、炼铁、煤气）、危险化学品从业单位安全标准化通用规范、建筑施工安全生产标准化考评暂行办法，以及水泥企业、平板玻璃企业、纺织企业、造纸企业、有色重金属冶炼企业、有色金属压力加工企业、电力企业安全生产标准化规范及达标评级标准等。政府以安全生产标准化为抓手，全面开展各类企业的安全生产监督管理工作，使我们的企业安全管理水平有一个质的提升。

经过6年的运行，在《企业安全生产标准化基本规范》（AQ/T 9006—2010）的基础上，修订完善了文本内容，并升级为国家推荐标准《企业安全生产标准化基本规范》（GB/T 33000—2016）。2021年，应急管理部印发《企业安全生产标准化建设定级办法》（应急〔2021〕83号），是为了进一步规范和促进企业开展安全生产标准化建设，建立并保持安全生产管理体系，全面管控生产经营活动各环节的安全生产工作，不断提升安全管理水平。该办法是根据历年的安全生产标准化评审定级情况和新出台的《中华人民共和国安全生产法》而制定的。企业标准化等级仍然是由高到低分为一级、二级、三级。应急管理部为一级企业以及海洋石油全部等级企业的定级部门。省级和设区的市级应急管理部门分别为本行政区域内二级、三级企业的定级部门。

（三）企业安全生产标准化的作用

企业安全生产标准化建设的作用有以下几个方面：

（1）企业安全生产状况明显改变。企业在标准化建设过程中，依照国家和行业标准，通过设立企业安全生产管理机构、配备安全生产管理人员、强化人员培训、完善规章制度和操作规程、改善设备设施和作业环境等，使企业负责人、从业人员从中感受到安全生产工作有了较大的变化，使得安全生产意识明显增强，“我要安全”成为一种自觉行动。

（2）企业安全生产管理明显规范。通过法律法规、规章制度的学习和各类案例的分析，明晰各级、各类人员的安全生产责任，依照标准管理的多了、依照标准操作的多了、依照标准相互提醒的多了、自觉遵守法律法规的多了，以往不会管、不愿管、不敢管的现象得到较好的改变，“三违”现象明显减少，企业的安全生产管理日趋规范。

（3）企业安全生产投入明显加大。根据国家标准和行业标准，设备设施得到及时维护、保养和更换；各类安全标志标识更加清晰；劳动防护用品配备使用更加规范；安全生产文化氛围更加浓厚，以往设备陈旧、保护失灵、管线乱拉、标志不全、堆放不齐的现象得到改善，企业的本质安全生产水平得到提高。

（4）企业生产安全事故明显减少。通过标准化建设，企业基本上已经理解并学会了安全风险辨识与隐患排查治理的方法，实现了持续改进，按时对设备设施进行检测检验，依法对从业人员进行培训，不断深化安全风险管理内涵，及时开展隐患排查治理活动，使得生产安全事故大幅下降。

三、安全风险分级管控与隐患排查治理

为了更好地预防生产安全事故的发生，国务院安全生产委员会发布《国务院安委会办公室关于实施遏制重特大事故工作指南构建双重预防机制的意见》（安委办〔2016〕11号），也称“双重预防机制”管理，就是要求企业实施风险辨识，对辨识出的安全风险进行分类梳理，对不同类别的安全风险，采用相应的风险评估方法确定安全风险等级。安全风险评估过程要突出遏制重特大事故，高度关注暴露人群，聚焦重大危险源、劳动密集型场所、高危作业工序和受影响的人群规模；重大安全风险应填写清单、汇总造册，并从组织、制度、技术、应急等方面对安全风险进行有效管控，要在醒目位置和重点区域分别设置安全风险公告栏，制作安全风险告知卡。

1.风险分级管控

企业安全生产风险分级管控重点是分级，既是将风险分级，也是将责任分级。在建设双重预防体系的过程中，需要将风险进行分级，根据相应的风险分级法，将风险分为“红、橙、黄、蓝”四色风险等级，分别对应“重大风险、较大风险、一般风险、低风险”。不同等级的风险危害程度不同、处理难易程度和需要的资源不同，需要企业不同级别的管理者承担相应责任。为此，通常将风险管理责任层级分为企业主要负责人、车间或部门负责人、班（队）组负责人、员工个人，每个级别对应相应的风险管控层级，将责任落到实处，避免出现推诿、错漏的情况。

2.隐患排查治理

企业生产过程中的隐患排查，即根据国家相关法律法规、各行业的相关标

准，对隐患进行排查，并降低事故发生的可能性乃至遏制事故的发生。在隐患排查的过程中，要知悉哪些风险点上存在着哪些相对应的安全隐患，什么样的情况下会造成事故的发生。安全隐患的存在通常源于四个因素，即人的不安全行为、物的危险状态、场所的不安全因素、管理上的缺陷，也就是通常所说的人、物、环、管。

3.安全生产标准化与双重预防机制的关系

风险分级管控与隐患排查治理也称双重预防机制。按照《企业安全生产标准化基本规范》(GB/T 33000—2016)规定，其八个一级要素中的第五个要素就是安全风险管控及隐患排查治理，也就是我们现在所说的风险分级管控与隐患排查治理双重预防机制。因此，双重预防机制是安全生产标准化工作的核心内容，企业应以安全生产标准化创建为主，在其过程中开展风险分级管控和隐患排查治理的工作。双重预防机制作为安全生产标准化建设的“牛鼻子”工程，是安全管理的核心，是验证安全工作最有效的抓手，在安全生产标准化创建中起着举足轻重的作用。对于还没有实现安全生产标准化达标的企业，首先应该从双重预防机制入手，抓好安全生产的“牛鼻子”工程。

四、安全风险辨识和评价的方法

做好企业的生产安全管理，需要利用系统安全分析的方法，对企业的安全生产现状进行安全风险辨识与评价，实现风险分级管控与隐患排查治理，才能有效预防事故的发生。

系统安全分析(System Safety Analysis)是从安全角度对系统进行的分析，它通过揭示可能导致系统故障或事故的各种因素及其相互关联来辨识系统中的危险源，以便采取措施消除或控制它们。系统安全分析是系统安全评价的基础，定性的系统安全分析是定量的系统安全评价的基础。

系统安全分析的目的是保证系统安全运行，查明系统中的危险因素，以便采取相应措施消除系统故障和事故。常见的系统安全分析方法如下：

1.安全检查表(SCA)

安全检查表(Safety Checklist Analysis，SCA)是根据有关安全规范、标准、制度等要求，对一个系统或设备进行安全检查和安全诊断，找出各种不安全因素，以提问的方式把这些不安全因素按照其重要程度编制成表格，这种安全检查的专用表格称为安全检查表。安全检查表是实施安全检查和安全诊断的项目明细表，是安全检查结果的备忘录。安全检查表的优点是完整、直观、清楚、简单、易控制，便于操作。

2. 预先危险性分析（PHA）

预先危险性分析（Preliminary Hazard Analysis，PHA）也称为危险性预先分析，是在一项工程活动（设计、施工、生产运行、维修等）进行之前，首先对系统可能存在的主要危险源、危险性类别、出现条件和导致事故后果所作的宏观、概略分析，是一种定性分析、评价系统内危险因素的危险程度的方法。预先危险分析是一项实现系统安全分析的初步或初始的工作，是在方案开发初期阶段或设计阶段之初完成的，可以帮助选择技术路线。它在工程项目预评价中有较多的应用，应用于现有工艺过程及装置，也会收到很好的效果。

3. 故障类型及影响分析（FMEA）

故障类型及影响分析（Failure Modes and Effects Analysis，FMEA）是安全系统工程的重要分析方法之一。它起源于可靠性技术，其基本考虑是找出系统的各个子系统或元件可能发生的故障及其出现的状态（即故障类型），搞清楚每个故障类型对系统安全的影响，以便采取措施予以防止或消除。

4. 危险性和可操作性分析（HAZOP）

危险性和可操作性分析（Hazard and Operability Analysis，HAZOP）是指应用系统的审查方法，审查设计已有生产工艺和工程总图，通过对装置、设备、个别部位的误操作或故障引起的潜在危险进行分析，评价其对整个延续性生产系统的影响。与其他分析方法不同的是，该分析方法由多人组成小组。实质是对系统的工艺进行全面审查，找出可能偏离设计意图的情况，分析产生的原因和造成的结果，予以控制。这种方法既适用于设计阶段，又适用于在役的生产装置。

5. 作业条件危险性分析法（LEC）

（1）LEC法含义。该方法用与系统风险有关的三种因素指标值的乘积来评价操作人员伤亡风险大小，这三种因素分别是：L（likelihood，事故发生的可能性）、E（exposure，人员暴露于危险环境中的频繁程度）和C（consequence，一旦发生事故可能造成的后果）。给三种因素的不同等级分别确定不同的分值，再以三个分值的乘积D（danger，危险性）来评价作业条件危险性的大小。

（2）LEC法取值。现采用LEC法判定企业存在风险的大小。LEC法的基本原理是根据风险点辨识确定的危害及影响程度与危害及影响事件发生的可能性乘积确定风险的大小。定量计算每一种危险源所带来的风险可采用如下方法：

$$D=L \cdot E \cdot C$$

式中　D——风险值；

L——发生事故的可能性大小；

E——暴露于危险环境的频率；

C——发生事故产生的可能后果。

当用概率来表示事故发生的可能性大小（L）时，绝对不可能发生事故的概率为0，而必然发生事故的概率为1。然而，从系统安全角度考虑，绝对不发生事故是不可能的，所以人为地将发生事故可能性极小的分值定为0.1，而必然要发生事故的分值定为10，介于这两者之间的情况指定为若干中间值，如表2-1所示。

表2-1　事故发生的可能性

分值	事故发生的可能性	分值	事故发生的可能性
10	完全可能预料	0.5	很不可能，可能设想
6	相当可能	0.2	极不可能
3	可能，但不经常	0.1	实际不可能
1	可能性小，完全意外		

当确定暴露于危险环境的频繁程度（E）时，人员出现在危险环境中的时间越多，则危险性越大，规定连续出现在危险环境的情况分值定为10，而非常罕见地出现在危险环境中分值定为0.5，介于两者之间的各种情况规定若干个中间值，如表2-2所示。

表2-2　暴露于危险环境中的频繁程度

分值	频繁程度	分值	频繁程度
10	连续暴露	2	每月一次暴露
6	每天工作时间内暴露	1	每年几次暴露
3	每周一次，或偶然暴露	0.5	非常罕见地暴露

关于发生事故产生的后果（C），由于事故造成的人身伤害与财产损失变化范围很大，因此规定其分数值为1～100，把需要救护的轻微损伤或较小财产损失的分值规定为1，把造成多人死亡或重大财产损失的分值规定为100，其他情况的分值均在1～100之间，如表2-3所示。

表2-3　发生事故产生的后果

分值	后果	分值	后果
100	大灾难，许多人死亡	7	重伤
40	灾难，数人死亡	3	轻伤
15	非常严重，一人死亡	1	引人关注，不利于基本的安全卫生要求

求出风险值*D*之后，在不同时期，应根据其具体情况来确定风险级别的界限值，以符合持续改进的思想。表2-4所列内容可作为确定风险级别界限值及其相应风险控制策划的参考。

表2-4　风险等级划分

*D*值	危险程度	风险等级	颜色
$D \geqslant 320$	重大风险	A级	红色
$160 \leqslant D < 320$	较大风险	B级	橙色
$70 \leqslant D < 160$	一般风险	C级	黄色
$D < 70$	低风险	D级	蓝色

这种方法用到的比较多，根据企业的生产实际予以辨识和评价。

五、企业安全目视化管理

1.定义

安全目视化管理就是通过安全色、标签、标牌等方式，明确人员的资质和身份、工器具和设备设施的使用状态，以及生产作业区域危险状态的一种现场安全管理办法。它是利用形象直观、色彩适宜的各种视觉信息和感知信息来组织现场生产活动，达到提高劳动生产率的一种管理方式。目视管理是能看得见的管理，能够让员工用眼看出工作的进展状况是否正常，并迅速地作出判断和决策。

2.特点

（1）视觉化：安全信息彻底标识，采用色彩、图形等区别管理。

（2）透明化：将潜在的安全问题“显露”出来，把“危险”管理起来。

（3）界限化：确定标识、标牌的内容和适用范围，使之一目了然。

3. 目的

通过简单、明确、易于辨别的管理模式或方法，强化现场安全管理，确保工作安全。目视化不仅仅是提供目视方法的标准，更重要的是通过目视化的管理方法，通过外在状态的观察，达到发现人、设备、现场的不安全状态的目的。所以目视标签、指示牌等只是第一步，更主要的是现场的观察。它是通过视觉感应信息，统一管理企业内一切看得见的物件和操作过程的程序与方法，用图示表示出来，使现场管理实现规范化与标准化，对现场存在的异常情况进行提前预防，一旦发生异常情况，可以根据图示的提示，迅速采取应急处置措施，达到预防事故发生的目的。安全目视化管理必须具有以下四个设计图示。

（1）好坏的状态标示，安全要求的标识；

（2）危险源提示；

（3）正常操作步骤提示；

（4）应急处理提示。

4. 工具

安全目视化管理所需要用到的主要工具如下：

（1）白线标示：通常以白线作为作业场所与通道的区分线。

（2）红线标示：红线通常用来标示物品放置场所里半成品等的最大库存量，而最低库存量用蓝色标示，这样一眼就能够识别出物料不足或过剩。

（3）红牌：适宜于现场的整理，是改善的基础起点，用来区分日常生产活动中非必需品，挂红牌的活动又称为“红牌作战”。

（4）看板：是为达到准时生产而控制现场生产流程的工具。包括显示材料领用状况看板和作业指示看板。

（5）标示板：标示板能清楚标示东西所放置的场所，目的是让每个人都知道物品在哪里，摆放着何种物品，数量是多少。

（6）生产管理标示板：通知生产线上生产状况的一种标示板。标示生产预定数量和实际数量，登记停止原因、运作状况等事项。根据这些记录，班组长能够掌握和了解实际生产是否有进展或者迟延。

（7）标准作业图：又称为“步行图”，让人一眼看去就能明白工程布置或作业程序，一般配合着标准作业组合图使用。

（8）信号灯：在生产现场，第一线的管理人员必须随时知道作业员或机器是否在正常地开动，是否在正常作业。信号灯是工序内发生异常时用于通知管理人员的工具。

（9）反面教材：一般结合现物和柏拉图的表示，就是让现场的作业人员明白违规操作的不良现象及后果，一般放在人多的显著位置。

5.应用

安全目视化管理的最大优点，就是无论是谁从事该岗位作业，只要见到操作的对象或管理的对象，都能立刻对其正常、异常状态作出判断，并且依据管理流程明晰异常状态的处置方法。安全目视化管理从人员目视化管理、工器具目视化管理、设备设施目视化管理、工艺目视化管理、作业生产现场目视化管理五个方面入手。

（1）人员目视化管理：主要通过各企业的工作服、安全帽、袖标、胸牌等，对不同岗位、类别人员进行辨识区别，确保现场岗位作业人员有明确的规范作业的要求。

（2）工器具目视化管理：通过工器具标识、工器具存放标识、工器具柜（箱）等方式对工器具进行完好性检查，规范工器具的现场管理。岗位作业过程所需要的工器具都应标明规格、属性及适用范围，以便及时准确取用。

（3）设备设施目视化管理：主要通过板、签牌、图、线等形式，使用状态及检维修时作业提示，实施上锁挂牌，便于作业人员识别设备的状态和避免误操作。在设备设施的明显部位设置标识牌，标识牌可包括设备基本信息（设备名称、编号、特性、责任人以及使用状态等内容），对误操作可能造成严重危害的设备设施，应在旁边设置安全操作注意事项标牌，同时，告知应急处置方法。

（4）工艺目视化管理：通过用不同的颜或符号来区别不同工艺管线及工艺流向，并对重要的工艺阀门等设备的名称、功能、位置及液体介质流向进行标识，便于操作人员熟知现场设备状态及掌握现场工艺和避免误操作。尤其是在应急状态时，作业人员可根据标识提示及时进行操作，达到有效应急处置的目的。

（5）作业生产现场目视化管理：对作业现场的进度状况、物料或半成品的库存量、品质不良状况、设备故障、停业原因等，以标识标志等视觉化的工具、进行预防管理。并明确属地责任，规范现场管理，同时进行危害提示，保证作业过程和作业人员的安全。

六、企业常用的安全管理方法

企业的安全管理是生产管理的一个重要组成部分，管生产必须管安全，每个企业都要按生产工艺技术的要求，根据“人–机–环”的协调发展要求，有针对性地确定自己企业的安全管理方法。主要以安全生产标准化管理为主线，以风险分级管控和隐患排查为重点，组织实施企业安全管理规划、指导、检查和决策，积极开展安全管理工作，确保生产处于最佳安全运行状态。现选择目前国内一些企业的安全管理方法，介绍如下，供大家借鉴。

1. 安全“巡检挂牌制”方法

“巡检挂牌制”是指在生产装置现场和生产重点部位，要实行巡检时的“挂牌制”。操作工定期到现场按一定巡检路线进行安全检查时，一定要在现场进行挂牌警示，这对于防止他人因不明现场情况而误操作所可能引发的事故，具有重要的作用。

2. 现场定置管理方法

为了保障安全生产，通过严格的标准化设计和建设要求规范，实现生产资料物态和职工生产与操作行为的规范化空间管理。在车间和岗位现场，生产和作业过程的工具、设备、材料、工件等的位置要规范，要符合标准和工效学的要求，要文明管理，要进行科学物流设计。现场定置管理可以创造良好的生产物态环境，使物态环境的隐患得以消除；也可以控制工人作业操作过程的空间行为状态，使行为失误减少和消除。定置管理由车间生产管理人员和班组长组织实施。

3. 现场“三点控制”方法

“三点控制”即对生产现场的“危险点、危害点、事故多发点”进行强化的控制管理，进行挂牌制，标明其危险或危害的性质、类型、标准定量、注意事项等内容，以警示现场人员。

4. 防电气误操作“五步操作方法”

防电气误操作“五步操作方法”是指：周密检查、认真填票、实行双监、模拟操作、口令操作。这种方法既从管理上层层把关，堵塞漏洞，消除思想上的失误，同时又在开动机器时要求作业人员按规范和程序操作，消除行为上的误动。

5. 检查“ABC”管理法

在企业定期大、小检修时，由于生产系统的检修具有设计部门杂、人员多、检修项目多、交叉项目多等特点，检修期间安全管理的难度一般较大。为确保安全检修，可以利用检修“ABC”法，即把公司控制的大修项目列为A

类（重点管理项目），厂控项目列为B类（一般管理项目），车间控制项目列为C类（次要管理项目），实行三级管理控制。A类项目要制定出每个项目的安全对策表，由项目负责人、公司安全执法部门严格把关；B类要制定出每个项目的安全检查表，由厂安全执法部门把关；C类要制定出每个项目的安全承包确认书，由车间执法人员把关。

6.危险工作申请、审批制度

易燃易爆场所的焊接、动火，进入有毒或缺氧的容器、坑道工作，非建筑行业的高处作业，以及其他容易发生危险的作业，都必须在工作前制定可靠的安全措施，包括应急后备措施，向安全技术部门或专业机构提出申请，经审查批准方可作业，必要时设专人监护。企业应有相应的管理制度，将危险作业严格控制起来。易燃易爆、有毒危险品的运输、储存、使用也应该有严格的安全管理制度。需经常进行的危险作业，应该有完善的安全操作规程；经常使用的危险品，应该有严格的管理制度。

7.安全目标管理方法

安全目标管理方法就是企业在安全制度建设、安全措施改造、安全技术应用、安全教育等方面制定出各个工作阶段的目标，定期检查目标完成情况，实现目标化的管理。目标管理可以使安全管理更加科学化、系统化，避免盲目性。这种管理方法的目的是使安全管理做到有目标、有计划、有步骤、有措施、有资金、有条件。

8.“五全”管理法

“五全”管理法的内容是：全员、全面、全过程、全方位、全天候管理。管理的目的是使人人、处处、事事、时时把安全放在首位。这种管理方法的对象包括：全员——全体职工；全面——各管理部门和各生产车间、班组；全过程——供、产、销以及设计、制造、运行、维修、改造等生产环节；全方位——对生产作业环境的立体时空安全状况进行管理；全天候——全年、全月、全天。“五全”管理法是一种系统的、动态的、科学的、规范化的管理方法，其关键点在于：在重视“全”的基础上，也要强调重点（人员、部门、过程和时间）。

9.无隐患管理法

无隐患管理法是通过对生产过程中的隐患进行辨别、分析、管理和控制，以达到消除事故隐患、实现本质安全化与超前预防事故的目的。管理中要随时对隐患的信息进行反馈，以便与隐患整治工程动态对应。管理对象涉及人员、机器、环境和管理四要素，安全专业部门与技术生产部门结合才能实现管理。

第二节 生产安全的总体要求

一、安全与生产的关系

安全与生产是企业经营过程中不可缺少的两个方面，它们是辩证统一的关系。首先，它们两者在工作过程中相互依存、互为条件，任何一方都不能独立存在。没有生产活动，企业将失去存在的价值，社会生活也将无法进行和延续，安全工作也就失去其管理的对象和存在的意义。然而，企业领导往往强调生产的重要性，而忽视安全。在出现事故前，意识不到事故发生的可能性，抱有侥幸心理。

（一）安全生产工作方针

安全生产的方针就是坚持“安全第一，预防为主，综合治理”。这一方针高度概括了安全管理工作的目的和任务。同时提出“管理生产的同时必须管安全”的原则，对各级负责人员、各职能部门及其工作人员和各岗位生产人员在安全生产方面应做的事和应负的责任加以明确。

1.安全第一

所谓“安全第一”，是指生产经营过程中，在处理保障安全和实现生产经营活动的各项工作的关系上，要始终把安全，尤其是从业人员和其他人员的人身安全放在首要位置，实行安全优先原则，保证生产经营活动的顺利进行。同时，企业在安全投入方面，应尽可能满足安全生产过程的设计要求，避免一些冲突。

2.预防为主

在生产过程中，保证其安全的措施有两种：一是在事故未发生时，通过有效的措施消除危险和有害因素，或降低事故发生的严重程度，这种方法称为事故预防方法。二是在事故发生后通过对事故的处理减少事故损失，此为事故处理方法。随着人民生活水平的不断提高，人们对作业条件的安全和卫生要求也随之提高。因此，安全工作的重心逐渐从事后处理转移到事前预防，运用系统工程的思想和方法预测生产过程中存在的危险和有害因素，有针对性地采取控制对策，预防事故的发生。

3.综合治理

在坚持安全第一、预防为主的前提下，要抓好安全生产综合治理工作。要把安全生产当作经济发展、社会进步的前提条件，纳入企业经济发展总体规划，建立指标考核体系，明确安全生产必须有一个多层次、多方位、多部门的监督管理过程。坚持综合治理、标本兼治，既要立足当前，做好监督检查、专项整治、查处事故等工作，又要着眼长远，落实企业安全责任，建立安全生产长效机制。要面向基层，面向职工群众，面向全社会，广泛宣传安全生产方针，坚持以科学态度和方法，深入研究安全生产领域重点问题，以及不同事故、灾害背后的客观规律，指导事故预防和隐患治理工作，切实保证安全生产。

（二）生产过程环境要求

生产过程一般指从劳动对象进入生产领域到制成产品的全部过程。由于生产过程中所需要的原料、材料、燃料、辅料和半成品，对人体有着不同程度的危害性。企业只有根据危险源特点，明确规定相应的安全卫生防护距离，才能使人员、机器、环境处于一个相对安全的状态。

因此，企业必须根据国家的法律法规，制定相应的安全、卫生标准，给操作者以一个良好的工作环境。针对生产过程中的危险和有害因素，在设计和生产时应充分考虑各方面的因素。

（1）应防止工作人员直接接触具有或能产生危险和有害因素的设备、设施、生产物料、产品和剩余物料。

（2）作业区的布置应保证人员有足够的安全活动空间。

（3）作业区的生产物料、产品、半成品的堆放，应用黄色或白色标记在地面上标出存放范围，或设置支架、平台存放，保证人员安全，通道畅通。

（4）对具有或能产生危险和有害因素的工艺、作业、施工过程，应采用综合机械化、自动化或其他措施，实现遥控或隔离操作。

（5）对产生危险和有害因素的过程，应配置监控检测仪器、仪表，必要时配置自动联锁、自动报警装置。

（6）及时排除或处理具有危险和有害因素的剩余物料。

（7）对于危险性较大的生产装置或系统，必须设置能保证人员安全、设备紧急停止运行的安全监控系统。

（8）对产生尘毒危害较大的工艺、作业和施工过程，应采取密闭、负压等综合措施。

（9）对易燃、易爆的工艺、作业和施工过程，必须采取防火防爆措施。

（10）排放的有害废气、废液和废渣，必须符合国家标准和有关规定。

（11）参加生产的各类人员，必须掌握本专业或本岗位的生产技能，并经安全、卫生知识培训和考核，合格后方可上岗工作。

（12）根据作业特点和防护要求，按有关标准和规定发放个体防护用品，并规定穿（佩）戴方法和使用规则。

（13）生产过程中散发的粉尘和毒物应严加控制，以减少对人体和生产设施造成的危害。生产车间和作业环境空气中的有毒有害物质的浓度，不得超过国家标准或有关规定。

二、安全生产管理组织保障

企业的生产是为了获取更高的效益，而这需要通过一个执行机构来运作。组织的建立和健全，可保障企业的安全生产，否则安全生产管理工作也就无从谈起。组织机构保障主要包括两方面：一是安全生产管理机构的保障；二是安全生产管理人员的保障。

安全管理机构是指企业中专门负责安全生产监督管理的内设机构。安全管理人员是指企业从事安全生产管理工作的专职或兼职人员，这些人员根据国家有关安全生产的法律法规，组织企业内部各种活动，负责日常安全检查，及时整改各种事故隐患，监督安全生产责任制的落实等。

《安全生产法》规定，矿山、金属冶炼、建筑施工、运输单位和危险物品的生产、经营、储存、装卸单位，应当设置安全生产管理机构或者配备专职安全生产管理人员。前款规定以外的其他生产经营单位，从业人员超过一百人的，应当设置安全生产管理机构或者配备专职安全生产管理人员；从业人员在一百人以下的，应当配备专职或者兼职的安全生产管理人员。

同时也规定：生产经营单位的安全生产管理机构以及安全生产管理人员应履行下列职责：

（1）组织或者参与拟订本单位安全生产规章制度、操作规程和生产安全事故应急救援预案；

（2）组织或者参与本单位安全生产教育和培训，如实记录安全生产教育和培训情况；

（3）组织开展危险源辨识和评估活动，督促落实本单位重大危险源的安全管理措施；

（4）组织或者参与本单位应急救援演练；

（5）检查本单位的安全生产状况，及时排查生产安全事故隐患，提出改进安全生产管理的建议；

（6）制止和纠正违章指挥、强令冒险作业、违反操作规程的行为；

（7）督促落实本单位安全生产整改措施。

生产经营单位可以设置专职安全生产分管负责人，协助本单位主要负责人履行安全生产管理职责。

这就是安全生产管理机构设置和人员配备的要求。

三、生产过程应急处理要求

企业应根据可能发生的事故和存在的危险源，按照级别和类别的不同，编制应急预案体系，包括综合应急预案、专项应急预案、现场处置方案，具体可参见《生产经营单位生产安全事故应急预案编制导则》（GB/T 29639—2020）。具体可由企业的安全生产主管部门或调度指挥部门牵头编写“综合应急预案”和“专项应急预案”。按照企业安全责任制“谁主管、谁负责”的原则，“现场处置方案”应当由各部门结合实际自主编制。动员企业员工参与现场处置方案的编制，优点在于能够让员工自己反省作业环境中的危险，并且通过预案的编写做到“危险因素早知道”“意外事故有准备”的安全意识状态。新员工入职之后也可以通过“现场处置方案”的学习，了解作业环境存在的危险，以达到三级安全教育的目的。

企业生产应以调度为主线，以集中统一指挥为原则，一切与生产相关的操作、指令都要通过生产调度指挥系统逐级下达。情况紧急或必要时，调度人员有权调度企业范围内的人力、物力，以确保操作平稳，生产安全，保质、保量、按时完成生产任务。

紧急情况的应急处理要求如下：当生产调度人员接到有关处室或车间的紧急报警电话时，应立即启动应急预案。或者，在未向外界报警时，生产调度人员需立即拨打报警电话（如119、110或120等），并通知生产管理部领导和主管生产经理，迅速联系有关部门（如车队、医务室）或其他车间进行相应的处理（如调用车队的救护车、医生；停车等）。生产调度人员必须在最短的时间到达现场协助处理。

思考题

1.分别叙述企业的生产过程和产品的生产过程。
2.简述企业组织生产过程的要求。
3.简述企业安全生产标准化的定义和作用。
4.简述双重预防机制的含义和作用。
5.简述安全目视化管理的含义和特点，以及如何应用。
6.结合实际，谈谈企业采取哪种安全管理方法比较合适。

第三章 化工及危险化学品安全管理

第一节 化工过程安全管理

一、概述

随着国家工业变革进程不断深入，化工行业呈现出全新发展趋势，在生产环境以及具体的工艺手段上也不断创新，相对应地，化工生产规模逐渐扩大，所呈现的施工作业环境也越发复杂。但是，化工生产不同于其他的工业项目，所涉及的化工材料在性质方面比较特殊，在生产实践的过程中，可能会产生很多的有毒物质，或者易燃易爆气体，给化工生产埋下事故隐患。这不仅严重威胁生产作业人员的人身安全，同时也会增加火灾和爆炸等风险隐患，会给企业生产稳定进行造成不良影响，这也是近年来化工生产事故频发的主要原因。因此，以稳定发展为目标，重点加强化工生产安全管理十分必要。相关企业需要结合实际情况分析安全管理实施现状，确定在管理工作中所存在的问题。

二、化工生产过程与工艺类型

化工产品的种类繁多，在各行各业都有应用，而在化工产品的生产过程中存在着诸多事故隐患。所以在生产期间，若某一环节或者某项工艺出现了差错，都会对化工产品的质量产生不良影响，甚至会造成不可弥补的损失。现就化工生产过程、工艺类型和管理的特点分述如下。

（一）化工生产过程

化工生产过程简称为化工过程。化工过程主要是由化学处理的单元反应过程（如裂解、氧化、羰基化、氯化、聚合、硝化、磺化等）和物理加工的单元操作过程（如输送、加热、冷却、分离等）组成。也就是说，在化工生产中从原料到产品，物料需经过一系列物理的和化学的加工处理步骤。化工过程是以反应器为核心组织的。反应前物料需预处理，以满足主反应的工艺条件；反应后物料需通过分离、纯化等处理，以达到产品质量标准。

相对于传统的化工过程和设备，新装置和新工艺可大幅度提高生产效率、显著减小设备尺寸、降低能耗和减少废料的生成，并最终达到提高生产效率、降低生产成本，提高安全性和减少环境污染的目的。随着现代过程工业的发展，产品不断更新，环境污染控制更为严格并对化工过程的技术指标提出了越来越高的要求。近年来，国内外都采用化工过程强化技术，实现绿色安全发展。

化工过程强化技术被认为是解决化学工业“高能耗、高污染和高物耗”问题的有效技术手段，可以从根本上变革化学工业的面貌。经过多年的基础研究和技术开发，我国在化工过程强化技术方面形成了自己的特色与优势。目前我国在超重力技术、膜过程耦合技术、微化工技术、磁稳定床技术、等离子体技术、离子液体技术、超临界流体技术、微波辐射技术等典型过程强化技术方面取得了良好的发展，已经在各地许多化工企业中应用。

（二）化工工艺类型

1. 连续流程型

连续流程型化工工艺的主要特征是物料从原料进入后连续经过反应、换热、分离、流体输送等各类化工环节，直至生成最后产品，如炼油、化肥、硝酸等工艺即为典型的连续流程型化工工艺。物料连续不断地流过装置，并以产品形式连续不断地离开生产装置，进入系统的原料和从系统中产出的产品总物料量相等，其设备中各点物料性质不随时间而变化。因此连续过程多为稳态操作。

连续操作过程的特点是：生产系统中连续进料和连续出料，且进料与出料的质量相等，属于稳态操作过程；由于生产过程连续进行，设备利用率高，生产能力大，容易实现自动化操作；工艺参数稳定，产品质量有保证。但连续性生产过程的投资大，对操作人员的技术水平要求比较高。

2. 间歇生产型

间歇生产型化工工艺的主要特征是物料加入某个复式反应器后，按一定的工艺条件，并经历一定时间在达到某要求指标后，再排出物料，然后进行后续加工过程。如高分子化工中的聚合过程，精细化生产过程等。这一类工艺通常是按一定批量，有间断、周期地进行生产，故又称为批处理过程。这时设备的操作是间歇的，设备中各点物料性质将随时间而变化，在投料与出料之间，系统内外没有物料量的交换。间歇过程属于非稳态操作。

间歇操作过程的特点是：生产过程比较简单，投资费用低；生产过程中变化操作工艺条件、开车、停车一般比较容易；生产灵活性比较大，产品的投产比较容易；有些反应采用连续操作在技术上很难实现。例如悬浮聚合，由于反应物的物理性质或反应条件，在工业上很难采用连续操作过程，即使实现了连续操作过程，经济上也不合算。在有固体存在的情况下，化工单元操作的连续化比较困难，如粉碎、过滤、干燥等以间歇操作过程居多。根据间歇操作过程的特点，一般对小批量、多品种的医药、染料、胶黏剂等精细化学品的生产，其合成和复配过程较为广泛地采用这种操作方式。有些化工产品在试制阶段，由于对工艺参数和产品质量规律的认识及操作控制方法还不够成熟，也常常采用间歇操作法来寻找适宜的工艺条件。大规模的生产过程采用间歇操作的较少。

3. 连续与间歇相结合类型（半间歇操作或称半连续操作）

连续与间歇相结合型化工工艺是以连续与间歇相结合的方式进行生产，如连续流入的混合搅拌反应釜（CSTR）、煤造气炉、煤焦炉制气与联产甲醇等工艺。该生产类型操作过程是一次性投入原料，而连续不断地从系统取出产品；或连续不断地加入原料，而在操作一定时间后一次性取出产品；另一种情况是一种物料分批加入，而另一种原料连续加入，根据工艺需要连续或间歇取出产物的生产过程。半间歇过程也属于非稳态操作，在分类时，也可将其列入间歇过程。

从总体上来看，化工生产的工艺过程主要基于连续生产过程，包含复杂的化学反应过程。当然，产品加工是连续进行，不能中断的，工艺过程的加工顺序一般是固定不变的，产品生产是按照相对固定的工艺加工线路，通过一系列设备和生产装置加工进行的，生产过程的刚性较强，物料流、能量流、信息流始终连续不间断地贯穿于整个生产过程，能量流在生产过程中交错使用，物料流需要循环、反复加工等生产特点使得生产装置间存在十分严重的耦合作用，且生产过程一般在高温、高压、低温、真空、易燃、易爆、有毒等苛刻的环境下运行，生产过程经常受到原料供应量、原料组分的变化等干扰因素的影响，需要改变生产负荷，甚至需要调整生产过程的结构。生产过程具有明显的经济效益倍增特性，不合格的产品以及超量的环境排放，或者由于控制系统失灵而引起的生产装置停车，都将产生相当不良的经济后果。

三、无机化工生产过程工艺特点

（一）无机化工生产的概念

无机化工是无机化学工业的简称，是以天然资源和工业副产物为原料生产硫酸、硝酸、盐酸、磷酸等无机酸，纯碱、烧碱、合成氨、化肥以及无机盐等化工产品的工业，包括硫酸工业、纯碱工业、氯碱工业、合成氨工业、化肥工业和无机盐工业。广义上也包括无机非金属材料和精细无机化学品，如陶瓷、无机颜料等的生产。

（二）无机化工生产的特点

与其他化工行业比较，无机化工具有以下特点。

（1）无机化工发展历史早，对人类的生存、生活和推动化工技术的发展曾起过重要作用。例如：合成氨生产过程需在高压、高温以及有催化剂存在的条件下进行，它不仅促进了这些领域的技术发展，也推动了原料气制造、气体净化、催化剂研制等方面的技术进步，而且对于催化技术在其他领域的发展也起了推动作用。

（2）无机化工产品都是用途广泛的基本化工原料，是其他各生产部门生存和发展的基础，它的应用渗透到各个领域。例如：硫酸工业仅有工业硫酸、蓄电池用硫酸、试剂用硫酸、发烟硫酸、液体二氧化硫、液体三氧化硫等产品；氯碱工业只有烧碱、氯气、盐酸等产品；合成氨工业只有合成氨、尿素、硝酸、硝酸铵等产品。但硫酸、烧碱、合成氨等主要产品都和国民经济各部门有密切关系，其中硫酸曾有“化学工业之母”之称，它的产量在一定程度上标志着一个国家工业的发达程度。

（3）无机与有机化工产品相比较，无机化工产品的品种较少，主要是无机酸、碱、盐类。化学合成和生产工艺技术过程也相对简单一些。

（4）新型无机化工产品的不断出现，逐渐形成新的无机化工材料工业。

四、有机化工生产过程工艺特点

（一）有机化工生产的概念

有机化学工业也称有机化工，它的产品大体可分为两大类。

（1）一类是基本有机原料，它是用以生产其他有机化工产品的基本原料。

其中乙烯的产量是世界各国用以衡量以石油、天然气为原料的基本有机化工发展规模的重要依据。

（2）另一类是有机化工产品，它们是由基本有机原料进一步加工而制得的。这类产品进一步加工后，可作为人们日常生活用品或其他部门的生产资料。有机化工的起始原料来自煤、天然气、石油、生产废料和农林副产品等天然资源。通常把天然气、石油和煤称为基本有机化工的三大原料资源。化工的原料在特定的容器中通过一定的压力、温度、催化剂等特定条件下，生产成人们所需要的化工产品。

（二）有机化工生产的特点

（1）物料在有机化学加工过程中，其化学变化很复杂，必须抓住主要反应的最佳条件，才能得到高产量、高质量的产品。有机物分子结构一般比较复杂，反应时常常不局限于某一特定部位。于是在反应过程中分子不同部位（基团）对其他反应物有反应竞争，就可能产生不同的反应产物。因此，在通过反应制备某一产物时总是伴随着一些副反应，故有机化学反应的产率一般比较低。

（2）即使在最佳条件下，有机化学反应也难避免发生副反应，因此产品纯度往往较低，需经提纯才能得到目的产品。产品提纯工作在有机化工产品生产中十分重要，有时可能是最为关键的工艺步骤。

（3）有机化学反应一般是分子间的反应，反应速率往往决定于分子间的无规则的碰撞。这与无机化合物易解离为离子，其间有静电引力的反应比较，反应速度要慢得多。有的反应可能需要几天甚至更长的时间才能完成。因此多数反应需要加热、振荡或搅拌以增加分子碰撞的机会，使用催化剂以增加活化分子的数目等手段。

五、化工生产安全管理

化工工业以连续过程为主，通常以大批量、高强度、少品种的生产方式组织生产。这类企业要满足平稳、长周期、低消耗、高质量、安全性、低环境排放等多项要求，才能生产出符合标准的产品。由于化工生产的过程控制技术是企业赢得竞争的主要因素，而化工过程对象特性复杂，精确机理建模十分困难，加上信息处理方式复杂，数据量及计算量大以及有大量不确定因素等。因此，圆满解决生产过程的控制与决策问题通常会遇到很大的困难，这就给生产管理带来了压力。

1. 化工生产安全管理特点

（1）化工产品品种多，生产方法和产品具有多样性、复杂性，能耗大。

（2）行业复杂、工艺差别大；就其一种产品可能有几种生产工艺路线，这给安全生产管理带来一定的困难。

（3）生产危险性大，化工生产工艺多数具有高温、高压、易燃、易爆、易中毒、易腐蚀的情况。例如：电石、硫酸、化肥合成等都是高温生产；液氯、氢气、一氧化碳等都是易燃易爆物质。

（4）设备稳定性难掌握，生产设备容易产生溢出泄漏的情况，既污染环境，又易引发火灾、爆炸事故。生产使用的设备、仪表、管道、阀门等任何一个环节在设计、选材、制造以及维修保养上存在缺陷，都会给生产带来危险。

2. 过程安全管理（Process Safety Management，PSM）

过程安全管理（PSM）是基于风险的安全管理，其运用管理系统和控制（规划、程序、审核、评估）于一个生产过程，使工艺危害得到识别，得到理解和得到控制，使与工艺相关的伤害和事故得到预防。整个过程需要全员的参与，并对安全绩效有高度的预期；通过全过程地理解危险及风险，进一步采取措施控制风险，并在过程中对过程安全事件、滞后指标等进行审查和总结，总结经验教训，持续改进，从而使企业的过程安全管理始终向前推进。它是非指令性的，也就是说在法律法规所规定的框架内，PSM具体实施的细节因企业而定。针对不同的化工企业，它的具体实施细节过程均不相同，相同的部分只是它要求企业力所能及地实施过程安全管理，并尽量去避免事故。而由于零风险的过程是不存在的，所以过程安全管理一定是一个持续的过程，在整个生命周期中，PSM工作总有提升的空间。

过程安全管理（PSM）集中在技术、设备和人员三个主要方面，按14个要素开展管理：过程安全信息、员工参与、工艺危害分析、操作规程、培训、承包商管理、开车前安全评审、设备完整性、PTW（许可作业）、变更管理、事故调查、应急响应、符合性审计、商业保密。每个化工企业按生产实际开展过程安全管理。

六、HAZOP分析和LOPA-SIL定级的应用方法

危险与可操作性分析（HAZOP）方法，是对某化工装置的安全性进行定性分析，提出了相应的安全建议措施，并在此基础上采用保护层分析（LOPA）方法，对相关联锁场景进行安全完整性等级（Safety Integrity Level,

SIL）定级，进一步判断现有安全措施能否使风险处于可接受范围。如果风险较高，则选用相应的SIL来降低风险值，有效地进行对化工装置单元的风险评价，通过削减风险，保证装置的本质安全。

（一）HAZOP（危险和可操作性）分析

HAZOP分析是安全评价的方法之一，它是通过一组参数（如压力、温度、流量、液位等）与引导词（如大、小、无、反向、异常等）组成有意义的偏差，系统地辨识装置设计可能存在的导致安全或操作问题的设计缺陷，评估是否需要进一步的安全措施。

HAZOP分析的主要步骤如下。

（1）根据P & ID（工艺管道仪表流程图），将工艺系统划分为若干节点。

（2）小组成员根据事先确定的偏差矩阵，组成有意义的偏差，辨识产生偏差的原因并预计潜在的后果影响。

（3）辨识已有的安全保护措施。

（4）评价风险的严重性、可能性。

（5）如果认为安全保护措施不足，进一步提出防护措施及落实方案。重复以上分析步骤，直到所有的防护不足都经过讨论并改进，一个节点的分析就完成。依此类推，继续分析下一个节点，直到所有节点都被分析完为止。

HAZOP分析过程涉及的术语见表3-1，常见工艺参数有流量、时间、频率、压力等，常见引导词见表3-2。

表3-1　HAZOP术语

序号	术语	说明
1	工艺单元	具有确定边界的设备单元，对单元内工艺参数的偏差进行分析；对位于P&ID图上的工艺参数进行偏差分析
2	引导词	用于定性或定量设计工艺指标的简单词语，引导识别工艺过程的危险
3	工艺参数	与过程有关的物理和化学特性，包括概念性的项目如反应、混合、浓度及具体项目如温度、压力、流量、液位等
4	偏差	工艺指标偏离设定的情况，常表示为“引导词+工艺参数”
5	原因	发生偏差的原因
6	结果	偏差所造成的结果（如释放有毒物质）
7	建议措施	修改设计、操作规程或者进一步分析研究的建议

表3-2 常见引导词

序号	引导词	意义
1	none（空白）	设计或操作的工艺控制指标或事件完全不发生，如无物料流量等
2	more（过量）	高于设计指标，如温度偏高
3	less（减量）	低于设计指标，如温度偏低
4	as well as（伴随）	完成既定目标的同时，伴随多余事件发生，如物料组分变化
5	part of（部分）	只完成既定目标的一部分，如组分比例变化
6	reverse（相逆）	出现和设计意图完全相反的事或物，如流体反向流动
7	other than（异常）	出现和设计意图不相同的事或物，如设备异常

（二）保护层分析

保护层分析（LOPA）是通过分析事故场景初始事件、后果和独立保护层，对事故场景风险进行半定量评估的一种系统方法。主要目的是判断现有保护层的有效性，该方法通过初始事件频率、后果严重程度和独立保护层（IPL）失效频率来量化场景中存在的风险。

LOPA方法的内容主要包括：

（1）识别和筛选场景　可根据需求采用定性或定量的方法，对初步识别出的场景严重性进行评估，并根据评估结果进一步筛选场景；

（2）确认初始事件　先选择一个事故场景，筛选出现有的独立保护层；

（3）分析独立保护层　判断现有的独立保护层是否满足要求；

（4）计算场景频率　将后果、初始事件频率、独立保护层的相关数据进行计算，确定场景风险；

（5）评估风险，做出决策　根据得出的风险评估结果，判断是否需要采取相应的措施来降低风险。其中，初始事件发生频率和独立保护层的失效数据可采用企业历史统计数据、行业统计数据、故障树分析的结果等。

HAZOP和LOPA相结合是一种新型的半定量风险评价方法。在HAZOP-LOPA分析过程中，先进行传统的HAZOP分析，得出的风险较大的事故场景、偏差产生的原因及其发生概率，是LOPA的分析的基础。HAZOP-LOPA分析中提出的现有保护措施，是LOPA分析独立保护层有效性的前提，只有在HAZOP分析中得出准确危险场景的基础上，才有可能进一步得到正确的LOPA分析结果。HAZOP-LOPA关系及分析流程见图3-1。

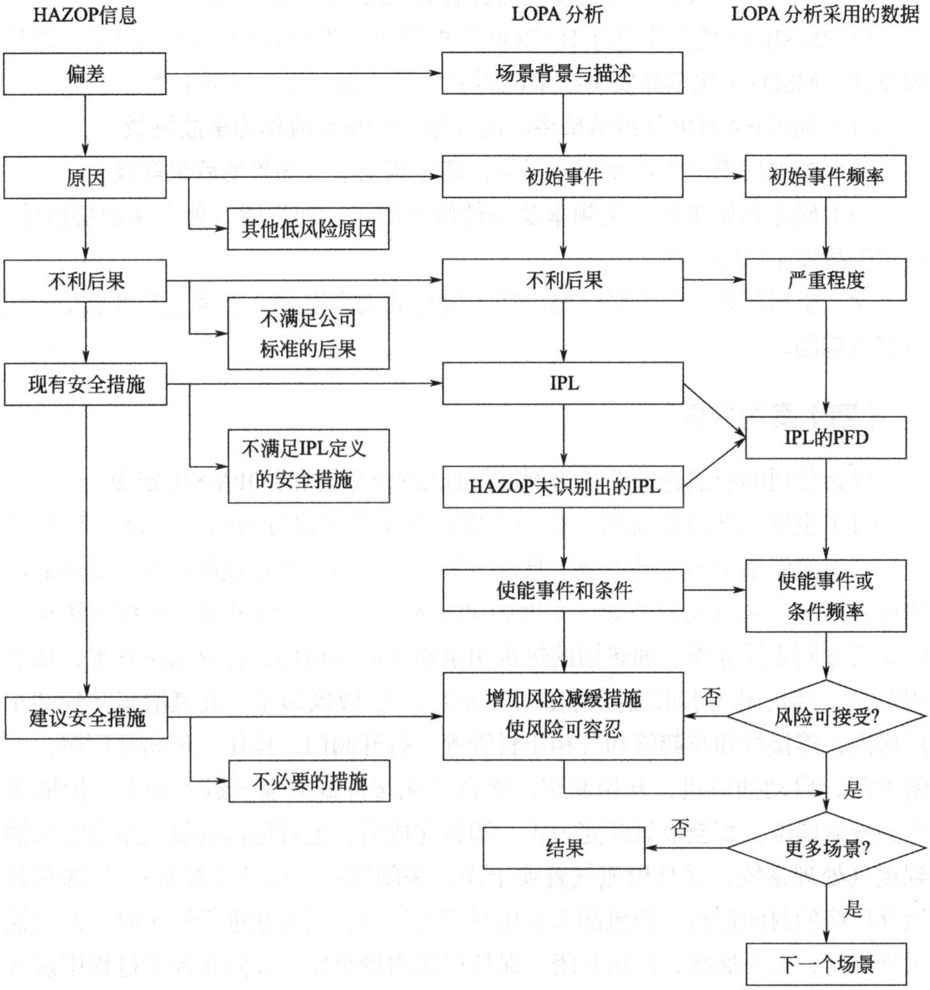

图3-1 HAZOP-LOPA信息关系与分析流程图

(三)LOPA - SIL定级

安全完整性等级（Safety Integrity Level，SIL）即确定安全仪表系统（SIS）功能的安全完整性等级，评估安全仪表功能和其他保护层达到规定安全功能的可能性，是安全仪表系统安全性能的衡量标准。

SIL定级的方法主要有风险矩阵法、风险图表法、保护层分析（LOPA）法。

LOPA分析是在定性分析的基础上，确定已发现事故场景的危险程度，半定量计算危害发生的概率，分析已有保护层的保护能力及失效概率，推算出需要补充的保护层等级，一定程度上可弥补HAZOP分析的不足。

LOPA-SIL定级工作基于HAZOP分析结果、设计资料、运行记录、泄压阀设计、MSDS（化学品安全技术说明书）等，逐一展开以下工作：

（1）利用HAZOP分析结果将可能发生的严重事故作为事故场景；

（2）根据后果严重程度划分标准，确定当前事故场景的后果等级；

（3）确定初始事件发生频率及条件修正因子，列举所有独立保护层措施，确定事故发生风险等级；

（4）根据剩余风险等级，提出切实可行的安全措施，直至达到可承受的风险等级范围。

（四）案例分析

以某公司的液氯仓储系统为例进行HAZOP分析和LOPA-SIL定级。

（1）主要工艺流程说明：整个液氯仓储系统可以分为四大部分。① 液氯气化。液氯储罐中的液氯用液下泵送至液氯气化器，经过减压和热水加热后汽化成氯气（液氯气化后的最终温度为60℃左右），进入缓冲罐。从缓冲罐出来的氯气分别去缓冲罐。加热用的热水用泵输送循环使用，补充水用软水，加热用蒸汽，汽化用热水水温控制在80℃左右；② 液氯卸车。液氯槽车开到卸车厂房内，连接好卸车鹤管和气相压料管等，打开阀门，操作人员离开厂房，关闭大门，启动抽风机，开始卸车。来自汽化缓冲罐的氯气进入槽车，把液氯压到液氯储罐，直至液氯卸完为止。卸料完成后，把管道内的氯气用真空泵抽到尾气处理系统，并且用氮气置换干净，关闭阀门，松开连接管；③ 卸车及储存厂房的封闭运行。液氯卸车采用封闭式厂房，当正在进行卸车时，开启抽风管阀门，人员撤离，厂房封闭，保持厂房内微负压，以防止卸车过程中氯气外泄。液氯储罐也采用封闭式厂房。无论是正常运行还是事故状态，厂房均封闭，抽气风机始终开启，保持厂房内微负压，排气送往尾气吸收装置处理。液氯储罐两开一备，当运行的储罐发生泄漏时，能实现远程倒罐，将泄漏的储罐中的液氯倒到备用储罐中；④ 尾气处理系统。尾气处理系统由尾气吸收装置、排污装置和真空装置组成。尾气吸收装置由两级尾气吸收塔、碱液循环配置槽、碱液循环泵、循环冷却器、尾气风机和排放管等组成。排污装置由两级碱液吸收槽等组成。真空装置由液环真空泵及其缓冲罐等组成，液环真空泵的工作液为98%浓硫酸，单次最大储存量为0.3m³，设计年使用量为1t。

（2）结合工艺流程特点，将液氯仓储系统划分为一个节点进行HAZOP分析。该工艺的工艺流程图如图3-2所示，HAZOP分析结果及建议措施详见表3-3。

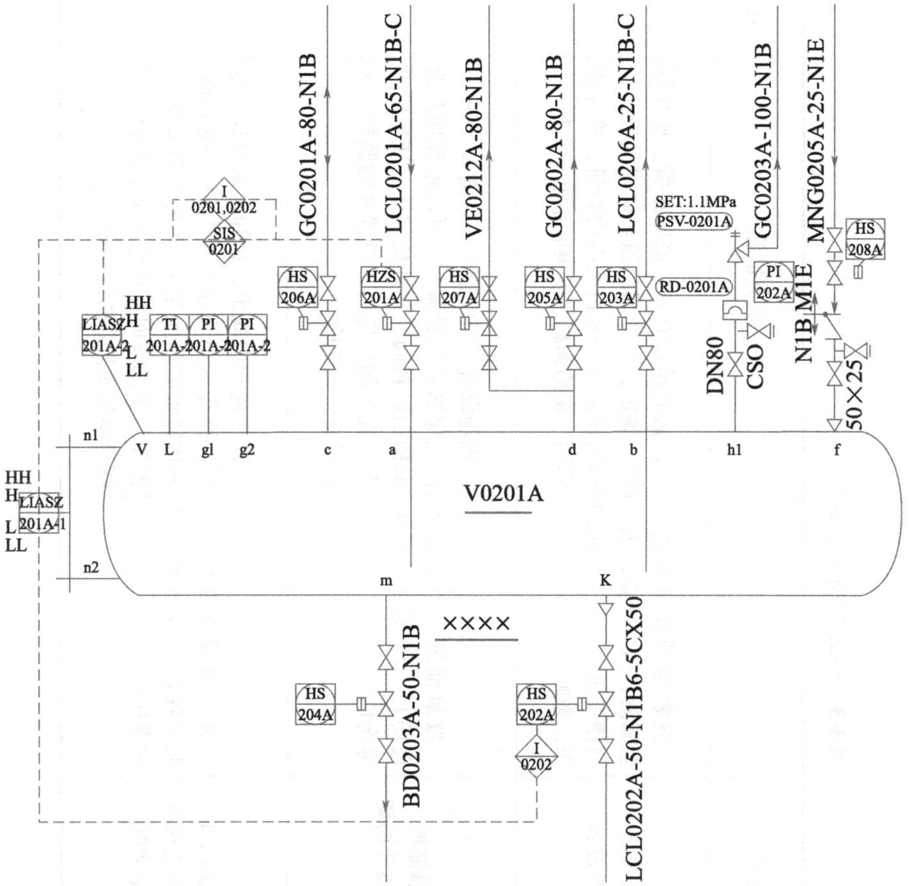

图3-2 液氯储罐工艺流程图

通过表3-3对液氯仓储系统工艺的HAZOP分析可知，该工艺整体处于安全可控范围，其中偏离事故情况为氯气浓度过高的后果风险比较大，涉及人员安全，需要进一步通过LOPA分析设计相应安全仪表等级的安全联锁系统。本次SIL定级根据分析范围内装置的复杂程度、风险特性以及SIL定级分析小组的经验，确定使用保护层分析（LOPA）法。LOPA分析依托于该装置的HAZOP分析结果，对该装置的具体分析中，事故场景的后果严重性等级来源于HAZOP分析结果。初始事件的发生频率、独立保护层的失效频率采用《保护层分析（LOPA）方法应用导则》（AQ/T3054—2015）附录E中推荐的失效数据。最终定级结果汇总见表3-4。

表 3-3　HAZOP 分析汇总表

参数+引导词	偏离描述	原因	后果	现有措施	建议措施
液位过高	液氯储槽V0201A液位过高	操作失误，进料过多	液氯储槽液位升高甚至满液，压力升高，达到与槽车压力平衡，无法卸车，影响生产	液氯储槽设有液位高限报警。操作规程中规定，生产部门通过储槽的液位计和用量记录来复核槽内物料量，确保能容纳一车的物料之后再联系槽车来料	
气体浓度过高	液氯储存厂房氯气浓度过高	液氯储槽法兰垫片损坏	液氯泄漏，可能导致现场1～2名巡检人员中毒伤亡	现场设有一只空槽（应急槽），当一只液氯储槽发生泄漏时，可以远程切断泄漏槽的进料阀，并开始倒罐。液氯储槽布置在封闭厂房内，设置视频监控，平时没有人员巡检	
气体浓度过高	液氯卸车封闭厂房氯气浓度过高	液氯卸车时法兰未连接好发生泄漏	氯气泄漏至现场，可能导致1～2名操作人员中毒伤亡	操作规程中规定，在卸车系统连接好后，操作人员先小开度打开一端手阀，并用氨水试漏合格后方可开始卸车操作。操作人员卸车时穿戴个人防护用品，并随身佩戴便携式防毒面罩	

表3-4　LOPA-SIL定级汇总表

联锁功能描述：液氯储槽V0201A液位LIASZ-201A-1/-2任意一处达到高高限联锁关闭该储槽的进料开关阀HZS-201A和回流开关阀HS-203A。													
场景描述	初始事件描述	分类	初始事件频率/（次/年）	后果可接受频率/（次/年）	条件修正		独立保护层（IPL）（不包含SIF）		后果发生频率/（次/年）	是否需要SIF	PFD	SIL等级
					描述	可能性	描述	PFD				
液氯储槽液位升高甚至满液，压力升高，达到与槽车压力平衡，无法卸车，影响生产	操作失误，进料过多	经济损失	1.0E-01 1.0×10^{-1}	1.0E-03 1.0×10^{-3}	人员处于受影响区域的可能性	1.0	操作规程中规定，生产部门通过储槽的液位计和用量记录来复核槽内物料量，确保能容纳一车的物料，才会联系槽车来料	1.0×10^{-1}	1.0E-02 1.0×10^{-2}	是	1.0×10^{-1}	SIL1
					引燃的可能性	1.0	液氯储槽设有液位高限报警	1.0				
					发生死亡的可能性	1.0						
					其他	1.0						

续表

联锁功能描述：液氯储存厂房氯气浓度检测报警，联锁吸收碱液循环泵满负荷运行（抽风系统为常开），循环碱液冷却器的冷冻水调节阀全开，打开厂房四周水喷淋管线开关阀。												
场景描述	初始事件描述	分类	初始事件频率/（次/年）	后果可接受频率/（次/年）	条件修正		独立保护层（IPL）（不包含SIF）		后果发生频率/（次/年）	是否需要SIF	PFD	SIL等级
					描述	可能性	描述	PFD				
液氯泄漏，可能导致现场1～2名巡检人员中毒伤亡	液氯储槽法兰垫片损坏	人员安全	1.0×10^{-1}	1.0E-05	人员处于受影响区域的可能性	1.0×10^{-1}	现场设有一只空槽（应急槽），当一只液氯储槽发生泄漏时，可以远程切断泄漏槽的进料阀，并开始倒罐	1.0×10^{-1}	1.0E-03 1.0×10^{-3}	是	1.0×10^{-2}	SIL2
					引燃的可能性	1.0	液氯储槽布置在封闭厂房内，设置视频监控，平时没有人员巡检	1.0				
					发生死亡的可能性	1.0						
					其他	1.0						

续表

场景描述	初始事件描述	分类	初始事件频率/（次/年）	后果可接受频率/（次/年）	条件修正		独立保护层（IPL）（不包含SIF）		后果发生频率/（次/年）	是否需要SIF	PFD	SIL等级
联锁功能描述：液氯卸车封闭厂房氯气浓度检测报警，联锁关闭卷闸门，打开抽风管上的开关阀，吸收碱液循环泵满负荷运行，循环碱液冷却器的冷冻水调节阀全开，打开厂房四周水喷淋管线开关阀。												
					描述	可能性	描述	PFD				
氯气泄漏至现场，可能导致1～2名操作人员中毒伤亡	液氯卸车时法兰未连接好发生泄漏	人员安全	1.0×10^{-1}	1.0×10^{-5}	人员处于受影响区域的可能性	1.0×10^{-1}	操作规程中规定，在卸车系统连接好后，操作人员先小开度打开一端手阀，并用氨水试漏合格后方可开始卸车操作	1.0×10^{-1}	1.0×10^{-3}	是	1.0×10^{-2}	SIL2
					引燃的可能性	1.0	工作人员卸车时穿戴个人防护用品，并随身佩戴便携式防毒面罩，这是减缓后果的措施	1.0				
					发生死亡的可能性	1.0						
					其他	1.0						

第二节 化工单元操作的危险性分析

化工单元操作是指各种化工生产中以物理过程为主的处理方法，主要包括加热、冷却、加压、负压、冷冻、物料输送、熔融、干燥、蒸发与蒸馏等。相关单元操作的特点与危险特性如下。

一、加热

1.加热操作风险

加热操作包括管道气加热、蒸汽或热水加热、载体加热以及电加热等。

（1）温度过高会使化学反应速度加快，若是放热反应，则放热量增加，一旦散热不及时，温度失控，发生冲料，甚至会引起燃烧和爆炸。

（2）升温速度过快不仅容易使反应超温，而且还会损坏设备，例如，升温过快会使带有衬里的设备及各种加热炉、反应炉等设备损坏。

（3）当加热温度接近或超过物料的自燃点时，应采用惰性气体保护；若加热温度接近物料分解温度，此生产工艺称为危险工艺，必须设法改进工艺条件，如负压或加压操作。

2.安全措施

（1）根据换热任务要求，满足温度和热负荷的前提下合理选择换热介质。

（2）在开车阶段的加热过程中，应严格控制升温速度；在正常生产过程中要严格按照操作条件控制温度。

（3）如果加热温度接近或超过物料的自燃点，应采用氮气保护。

二、冷却

1.冷却操作风险

在化工生产中，把物料冷却在大气温度以上时，可以用空气或循环水作为冷却介质；冷却温度在15℃以上，可以用地下水；冷却温度在0～15℃，可以用冷冻盐水。还可以借沸点较低的介质的蒸发从需冷却的物料中取得热量来实现冷却，常用的介质如氟利昂、氨等。此时，物料被冷却的温度可达–15℃左右。

（1）冷却操作时，冷却介质不能中断，否则会造成积热，系统温度、压力骤增，引起爆炸。开车时，应先通冷却介质；停车时，应先停物料，后停冷却系统。

（2）有些凝固点较高的物料，遇冷易变得黏稠或凝固，在冷却时要注意控制温度，防止物料卡住搅拌器或堵塞设备及管道。

2. 安全措施

（1）应根据热物料的性质、温度、压强以及所要求冷却的工艺条件，合理选用冷却（凝）设备和冷却剂，降低发生事故的概率。

（2）应确保冷却设备密闭良好，冷却设备运行过程中冷却介质不能中断。

（3）对于腐蚀性物料的冷却，应选用耐腐蚀材料的冷却设备。

三、加压

1. 加压操作风险

凡操作压力超过大气压的都属于加压操作。加压具有较高的作业风险。加压的危险性体现在压力过大时，容易发生跑、冒、滴、漏、冲料等现象。压力高时，泄漏物料往往高速冲出，产生静电火花，火灾危险性极大。

2. 安全措施

（1）加压操作所使用的设备要符合压力容器的相关要求，加压系统不得泄漏。

（2）所用的各种仪表及安全设施（如爆破泄压片、紧急排放管等）都必须齐全好用。

四、负压

1. 负压操作风险

负压操作即低于大气压下的操作。负压操作的危险性包括易燃易爆气体或粉尘大量抽入真空泵造成燃爆；恢复常压时未待温度降低后放入空气，造成氧化燃烧；此外还有降压过快，超过容器承压极限，有设备抽瘪的风险。

2. 安全措施

（1）负压系统必须有良好的密封，否则一旦空气进入设备内部，形成爆炸性混合物，易引起爆炸。

（2）当需要恢复常压时，应待温度降低后，缓缓放进空气，以防自燃或爆炸。

（3）负压系统的设备也和压力设备一样，必须符合强度要求，以防在负压下把设备抽瘪。

五、冷冻

1.冷冻操作风险

在工业生产过程中，蒸气、气体的液化，某些组分的低温分离，以及某些物品的输送、储藏等，常需将物料降到比水或周围空气更低的温度，这种操作称为冷冻或制冷。一般说来，冷冻程度与冷冻操作技术有关，凡冷冻范围在–100℃以内的称冷冻；而–200 ～ –100℃或更低的温度，则称为深度冷冻或简称深冷。

（1）某些制冷剂易燃且有毒，如氨，应防止制冷剂泄漏。

（2）对于制冷系统的压缩机、冷凝器、蒸发器以及管路，应注意耐压等级和气密性，防止泄漏。

2.安全措施

（1）合理选取冷冻介质，并确保其输送安全。

（2）装有冷料的设备及管道，应注意其低温材质的选择，防止金属的低温脆裂。

六、物料输送

1.物料输送风险

在工业生产过程中，经常需要将各种原材料、中间体、产品以及副产品和废弃物，由前一个工序输往后一个工序，由一个车间输往另一个车间，或输往储运地点，这些输送过程就是物料输送。

输送设备会造成人身伤害，要加强对机械设备的常规维护，还应对齿轮、皮带、链条等部位采取防护措施。气流输送分为吸送式和压送式。气流输送系统除设备本身会产生故障之外，最大的问题是系统的堵塞和由静电引起的粉尘爆炸。

2.安全措施

（1）粉料气流输送系统应保持良好的严密性。管道材料应选择导电性材料并有良好接地，输送速度不应超过该物料允许的流速，粉料不要堆积管内，要及时清理管壁。

（2）用各种泵类输送易燃、可燃液体时，流速过快能产生静电积累，其管内流速不应超过安全速度。

（3）输送有爆炸性或燃烧性物料时，要采用氮、二氧化碳等惰性气体代替空气，以防造成燃烧或爆炸。

（4）输送可燃气体物料的管道应经常保持正压，防止空气进入，并根据实际需要安装逆止阀、水封和阻火器等安全装置。

七、熔融

1.熔融操作风险

在化工生产中常需将某些固体物料（如苛性钠、苛性钾、萘、磺酸等）熔融之后进行化学反应。熔融过程的主要危险来源于被熔融物料的化学性质、固体质量、熔融时的黏稠程度、熔融中副产物的生成、熔融设备、加热方法以及被熔物料的破碎程度等方面。如碱熔过程中的碱液飞溅到皮肤上或眼睛里会造成灼伤。

2.安全措施

（1）熔融应使物料加热均匀，以免局部过热。对液体熔融物可用桨式搅拌。对于非常黏稠的糊状熔融物，则可采用锚式搅拌。对于加压熔融的操作设备，应安装压力表、安全阀和排放装置。

（2）碱熔物和磺酸盐中若含有无机盐等杂质，应尽量除掉，否则这些无机盐因不熔融会造成局部过热、烧焦，致使熔融物喷出，容易造成烧伤。

八、干燥

1.干燥操作风险

干燥是利用热能除去固体物料中的水分（或溶剂）的单元操作。干燥的热源有热空气、过热蒸汽、烟道气和明火等。干燥过程的危险物料的分解有导致爆炸的风险，另外易燃易爆气体和粉尘在干燥过程中接触明火、高温表面以及静电放电可能造成燃爆。

2.安全措施

（1）干燥过程中要严格控制温度，防止局部过热，以免造成物料分解爆炸。

（2）在过程中散发出来的易燃易爆气体或粉尘，不应与明火和高温表面接触，防止燃爆。

（3）在气流干燥中应有防静电措施，在滚筒干燥中应适当调准刮刀与筒壁的间隙，以防止产生火花。

九、蒸发

1.蒸发操作风险

蒸发是借加热作用使溶液中所含溶剂不断汽化，以提高溶液中溶质的浓度，或使溶质析出的物理过程。蒸发按其操作压力不同可分为常压、加压和减压蒸发。蒸发溶液都具有一定特性。如溶质在浓缩过程中可能有结晶、沉淀和污垢生成，这些都能导致传热效率的降低，并产生局部过热，促使物料分解、燃烧和爆炸。

2.安全措施

为防止热敏性物质的分解，可采用真空蒸发的方法，降低蒸发温度，或采用高效蒸发器，增加蒸发面积，减少停留时间。

十、蒸馏

1.蒸馏操作风险

蒸馏是借液体混合物各组分挥发温度的不同，使其分离为纯组分的操作。蒸馏操作可分为间歇蒸馏和连续蒸馏；按压力分为常压、减压和加压（高压）蒸馏。

蒸馏过程有加热载体和加热方式的选择问题，又有液相汽化分离及冷凝等的相变的问题，蒸馏过程又是物质被急剧升温浓缩甚至变稠、结焦、固化的过程，也存在潜在的安全问题。

2.安全措施

对不同的物料应选择正确的蒸馏方法和设备。在处理难于挥发的物料时

（常压下沸点在150℃以上）应采用真空蒸馏，这样可以降低蒸馏温度，防止物料在高温下分解、变质或聚合。在处理中等挥发性物料（沸点为100℃左右）时，采用常压蒸馏，对沸点低于30℃的物料，则应采用加压蒸馏。蒸馏塔需要配置真空或压力释放设施。

第三节 典型危险化工工艺及安全措施

原国家安全生产监督管理总局分别颁布了《首批重点监管的危险化工工艺目录》（安监总管三〔2009〕116号）和《第二批重点监管危险化工工艺重点监控参数、安全控制基本要求及推荐的控制方案》（安监总管三〔2013〕3号），并对首批重点监管危险化工工艺中的部分典型工艺进行了调整，一共涉及18种重点监管的危险化工工艺。包括：光气及光气化工艺、电解工艺（氯碱）、氯化工艺、硝化工艺、合成氨工艺、裂解（裂化）工艺、氟化工艺、加氢工艺、重氮化工艺、氧化工艺、过氧化工艺、胺基化工艺、磺化工艺、聚合工艺、烷基化工艺、新型煤化工工艺、电石生产工艺和偶氮化工艺。下面着重介绍其中的几类。

一、电解工艺（氯碱）

1.工艺简介

电解工艺是指电流通过电解质溶液或熔融电解质时，在两个极上所引起的化学变化。涉及电解反应的工艺过程为电解工艺。许多基本化学工业产品（氢气、氧气、氯气、烧碱、过氧化氢等）的制备，都是通过电解来实现的。

2.工艺危险特点

电解食盐水过程中产生的氢气是极易燃烧的气体，氯气是氧化性很强的剧毒气体，两种气体混合极易发生爆炸，当氯气中含氢量达到5%以上（体积分数），则随时可能在光照或受热情况下发生爆炸。如果盐水中存在的铵盐超标，在适宜的条件（pH＜4.5）下，铵盐和氯气作用可生成氯化铵，浓氯化铵溶液与氯还可生成黄色油状的三氯化氮。三氯化氮是一种爆炸性物质，与许多有机物接触或加热至90℃以上以及被撞击、摩擦等，即发生剧烈的分解而爆炸。电解溶液腐蚀性强。液氯的生产、储存、包装、输送、运输可能发生液氯的泄漏。

3.安全控制要求

电解槽温度、压力、液位、流量的报警和联锁；电解供电整流装置与电解槽供电的报警和联锁；紧急联锁切断装置；事故状态下氯气吸收中和系统；可燃和有毒气体检测报警装置等。

二、硝化工艺

1.工艺简介

硝化是有机化合物分子中引入硝基（—NO_2）的反应，最常见的是取代反应。硝化方法可分成直接硝化法、间接硝化法和亚硝化法，分别用于生产硝基化合物、硝胺、硝酸酯和亚硝基化合物等。涉及硝化反应的工艺过程为硝化工艺。

2.工艺危险特点

硝化反应的反应速度快，放热量大。大多数硝化反应是在非均相中进行的，反应组分的不均匀分布容易引起局部过热导致危险。尤其在硝化反应开始阶段，停止搅拌或由于搅拌叶片脱落等造成搅拌失效是非常危险的，一旦搅拌再次开动，就会突然引发局部激烈反应，瞬间释放大量的热量，引起爆炸事故；反应物料具有燃爆危险性；硝化剂具有强腐蚀性、强氧化性，与油脂、有机化合物（尤其是不饱和有机化合物）接触能引起燃烧或爆炸；硝化产物、副产物具有爆炸危险性。

3.安全控制措施

反应釜温度的报警和联锁；自动进料控制和联锁；紧急冷却系统；搅拌的稳定控制和联锁系统；分离系统温度控制与联锁；塔釜杂质监控系统；安全泄放系统等。

三、裂解（裂化）工艺

1.工艺简介

裂解（又称热裂解）是指石油系的烃类原料在高温条件下，发生碳链断裂或脱氢、异构化等反应，生成烯烃及其他产物的过程。产品以乙烯、丙烯为主，同时副产氢气和丁烯、丁二烯等烯烃及裂解汽油、柴油、燃料油等产品。

烃类原料在裂解炉内进行高温裂解，产出组成为氢气、低/高碳烃类、芳烃类以及馏分为288℃以上的裂解燃料油的裂解气混合物。经过急冷、压缩、激冷、分馏以及干燥和加氢等方法，分离出目标产品和副产品。

在裂解过程中，同时伴随缩合、环化和脱氢等反应。由于所发生的反应很复杂，通常把反应分成两个阶段。第一阶段，原料生成的目的产物为乙烯、丙烯，这种反应称为一次反应。第二阶段，一次反应生成的乙烯、丙烯继续反应转化为炔烃、二烯烃、芳烃、环烷烃，甚至最终转化为氢气和焦炭，这种反应称为二次反应。裂解产物往往是多种组分混合物。影响裂解的基本因素主要为温度和反应的持续时间。化工生产中用裂解的方法生产小分子烯烃、炔烃和芳香烃，如乙烯、丙烯、丁二烯、乙炔、苯和甲苯等。

2. 工艺危险特点

在高温（高压）下进行反应，装置内的物料温度一般超过其自燃点，若漏出会立即引起火灾；炉管内壁结焦会使流体阻力增加，影响传热，当焦层达到一定厚度时，因炉管壁温度过高，而不能继续运行下去，必须进行清焦，否则会烧穿炉管，裂解气外泄，引起裂解炉爆炸；如果由于断电或引风机机械故障而使引风机突然停转，则炉膛内很快变成正压，会从窥视孔或烧嘴等处向外喷火，严重时会引起炉膛爆炸；如果燃料系统大幅度波动，燃料气压力过低，则可能造成裂解炉烧嘴回火，使烧嘴烧坏，甚至会引起爆炸；有些裂解工艺产生的单体会自聚或爆炸，需要向生产的单体中加阻聚剂或稀释剂等。

3. 安全控制措施

裂解炉进料压力、流量控制报警与联锁；紧急裂解炉温度报警和联锁；紧急冷却系统；紧急切断系统；反应压力与压缩机转速及入口放火炬控制；再生压力的分程控制；滑阀差压与料位；温度的超驰控制；再生温度与外取热器负荷控制；外取热器汽包和锅炉汽包液位的三冲量控制；锅炉的熄火保护；机组相关控制；可燃与有毒气体检测报警装置等。

四、加氢工艺

1. 工艺简介

加氢是在有机化合物分子中加入氢原子的反应，涉及加氢反应的工艺过程为加氢工艺，主要包括不饱和键加氢、芳环化合物加氢、含氮化合物加氢、含氧化合物加氢、氢解等。

2.工艺危险特点

反应物料具有燃爆危险性，氢气的爆炸极限为4.1% ～ 75%，具有高燃爆危险性；加氢为强烈的放热反应，氢气在高温高压下与反应釜钢材接触，钢材内的碳分子易与氢气发生反应生成碳氢化合物，使钢制设备强度降低，发生氢脆；催化剂再生和活化过程中易引发爆炸；加氢反应尾气中有未完全反应的氢气和其他杂质在排放时易引发着火或爆炸。

3.安全控制措施

温度和压力的报警和联锁；反应物料的比例控制和联锁系统；紧急冷却系统；搅拌的稳定控制系统；氢气紧急切断系统；加装安全阀、爆破片等安全设施；循环氢压缩机停机报警和联锁；氢气检测报警装置等。

五、氧化工艺

1.工艺简介

氧化为有电子转移的化学反应中失电子的过程，即氧化数升高的过程。多数有机化合物的氧化反应表现为反应原料得到氧或失去氢。涉及氧化反应的工艺过程为氧化工艺。常用的氧化剂有：空气、氧气、双氧水、氯酸钾、高锰酸钾、硝酸盐等。

2.工艺危险特点

反应原料及产品具有燃爆危险性；反应气相组成容易达到爆炸极限，具有闪爆危险；部分氧化剂具有燃爆危险性，如氯酸钾，高锰酸钾、铬酸酐等都属于氧化剂，如遇高温或受撞击、摩擦以及与有机物、酸类接触，皆能引起火灾爆炸；产物中易生成过氧化物，化学稳定性差，受高温、摩擦或撞击作用易分解、燃烧或爆炸。

3.安全控制措施

反应釜温度和压力的报警和联锁；反应物料的比例控制和联锁及紧急切断动力系统；紧急断料系统；紧急冷却系统；紧急送入惰性气体的系统；气相氧含量监测、报警和联锁；安全泄放系统；可燃和有毒气体检测报警装置等。

六、过氧化工艺

1.工艺简介

向有机化合物分子中引入过氧基（—O=O—）的反应称为过氧化反应，得到的产物为过氧化物的工艺过程为过氧化工艺。

2.工艺危险特点

过氧化物都含有过氧基（—O=O—），属含能物质，由于过氧键结合力弱，断裂时所需的能量不大，对热、震动、冲击或摩擦等都极为敏感，极易分解甚至爆炸；过氧化物与有机物、纤维接触时易发生氧化、产生火灾；反应气相组成容易达到爆炸极限，具有燃爆危险。

3.安全控制措施

反应釜温度和压力的报警和联锁；反应物料的比例控制和联锁及紧急切断动力系统；紧急断料系统；紧急冷却系统；紧急送入惰性气体的系统；气相氧含量监测、报警和联锁；紧急停车系统；安全泄放系统；可燃和有毒气体检测报警装置等。过氧化工艺的安全控制措施与氧化工艺的要求基本相同。

七、磺化工艺

1.工艺简介

磺化是向有机化合物分子中引入磺酰基（$—SO_3H$）的反应。磺化方法分为三氧化硫磺化法、共沸去水磺化法、氯磺酸磺化法、烘焙磺化法和亚硫酸盐磺化法等。涉及磺化反应的工艺过程为磺化工艺。磺化反应除了增加产物的水溶性和酸性外，还可以使产品具有表面活性。芳烃经磺化后，其中的磺酸基可进一步被其他基团［如羟基（—OH）、氨基（$—NH_2$）、氰基（—CN）等］取代，生产多种衍生物。

2.工艺危险特点

反应原料具有燃爆危险性；磺化剂具有氧化性、强腐蚀性；如果投料顺序颠倒、投料速度过快、搅拌不良、冷却效果不佳等，都有可能造成反应温度异常升高，使磺化反应变为燃烧反应，引起火灾或爆炸事故；氧化硫易冷凝堵管，泄漏后易形成酸雾，危害较大。

3. 安全控制措施

反应釜温度的报警和联锁；搅拌的稳定控制和联锁系统；紧急冷却系统；紧急停车系统；安全泄放系统；三氧化硫泄漏监控报警系统等。

八、聚合工艺

1. 工艺简介

聚合是一种或几种小分子化合物变成大分子化合物（也称高分子化合物或聚合物，通常分子量为$1\times10^4\sim1\times10^7$）的反应，涉及聚合反应的工艺过程为聚合工艺。聚合工艺的种类很多，按聚合方法可分为本体聚合、悬浮聚合、乳液聚合、溶液聚合等。

2. 工艺危险特点

聚合原料具有自聚和燃爆危险性；如果反应过程中热量不能及时移出，随物料温度上升，发生裂解和暴聚（闪发聚合），所产生的热量使裂解和暴聚过程进一步加剧，进而引发反应器爆炸；部分聚合助剂危险性较大。

3. 安全控制措施

反应釜温度和压力的报警和联锁；紧急冷却系统；紧急切断系统；紧急加入反应终止剂系统；搅拌的稳定控制和联锁系统；料仓静电消除、可燃气体置换系统，可燃和有毒气体检测报警装置；高压聚合反应釜设有防爆墙和泄爆面等。

九、偶氮化工艺

1. 工艺简介

合成通式为R—N═N—R的偶氮化合物的反应为偶氮化反应，式中R为脂烃基或芳烃基，两个R基可相同或不同。涉及偶氮化反应的工艺过程为偶氮化工艺。脂肪族偶氮化合物由相应的肼（联氨）经过氧化或脱氢反应制取。芳香族偶氮化合物一般由重氮化合物的偶联反应制备。

2. 工艺危险特点

部分偶氮化合物极不稳定，活性强，受热或摩擦、撞击等作用能发生分解甚至爆炸；偶氮化生产过程所使用的肼类化合物，为高毒，具有腐蚀性，易发生分解爆炸，遇氧化剂能自燃；反应原料具有燃爆危险性。

3.安全控制措施

反应釜温度和压力的报警和联锁；反应物料的比例控制和联锁系统；紧急冷却系统；紧急停车系统；安全泄放系统；后处理单元配置温度监测、惰性气体保护的联锁装置等。

十、新型煤化工工艺

1.工艺简介

以煤为原料，经化学加工使煤直接或者间接转化为气体、液体和固体燃料、化工原料或化学品的工艺过程。主要包括煤制油（甲醇制汽油、费-托合成油）、煤制烯烃（甲醇制烯烃）、煤制二甲醚、煤制乙二醇（合成气制乙二醇）、煤制甲烷气（煤气甲烷化）、煤制甲醇、甲醇制醋酸等工艺。

2.工艺危险特点

反应介质涉及一氧化碳、氢气、甲烷、乙烯、丙烯等易燃气体，具有燃爆危险性；反应过程多为高温、高压过程，易发生工艺介质泄漏，引发火灾、爆炸和一氧化碳中毒事故；反应过程可能形成爆炸性混合气体；多数煤化工新工艺反应速度快、放热量大，易造成反应失控；反应中间产物不稳定，易造成分解爆炸。

3.安全控制措施

反应器温度、压力报警与联锁；进料介质流量控制与联锁；反应系统紧急切断进料联锁；料位控制回路；液位控制回路；H_2/CO比例控制与联锁；NO/O_2比例控制与联锁；外取热器蒸汽热水泵联锁；主风流量联锁；可燃和有毒气体检测报警装置；紧急冷却系统；安全泄放系统。

第四节 危险化学品安全管理

一、危险化学品分类和危险特性

（一）危险化学品概念及分类

《危险化学品安全管理条例》规定的危险化学品，是指具有毒害、腐蚀、爆炸、燃烧、助燃等性质，对人体、设施、环境具有危害的剧毒化学品和其他化学品。

常见的8类危险化学品包括：① 爆炸品；② 压缩气体和液化气体；③ 易燃液体；④ 易燃固体、自燃物品和遇湿易燃物品；⑤ 氧化剂和有机过氧化物；⑥ 有毒品；⑦ 放射性物品；⑧ 腐蚀品。

（二）危险化学品危险特性

从危险化学品的定义及分类表明其具有的主要危险特性，具体如下。

1.爆炸品危险特性

爆炸性——受热、撞击、摩擦、遇明火等易发生爆炸。

殉爆——当炸药爆炸时，能引起位于一定距离之外的炸药也发生爆炸，这种现象称为殉爆。殉爆发生的原因是冲击波的传播作用距离越近，冲击波强度越大。

2.压缩气体和液化气体危险特性

本类物品当受热、撞击或强烈震动时，容器内压会急剧增大，致使容器破裂爆炸，或导致气瓶阀门松动漏气，酿成火灾或中毒事故。

3.易燃液体危险特性

本类物质在常温下易挥发，其蒸气与空气混合能形成爆炸性混合物。具有易挥发性、易流动扩散性、受热膨胀性，带电性（汽油、苯、甲苯、液态烷烃等）、毒害性。

4.易燃固体、自燃物品和遇湿易燃物品危险特性

（1）易燃固体：燃点低，对热、撞击、摩擦敏感，易被外部火源点燃，燃烧迅速，并可能散发出有毒烟雾或有毒气体。

（2）自燃物品：自燃点低，在空气中易于发生氧化反应，放出热量，自行燃烧。

（3）遇湿易燃物品：遇水或受潮会发生剧烈化学反应，放出大量易燃气体和热量；有些不需明火，即能燃烧或爆炸。

5.氧化剂和有机过氧化物危险特性

（1）氧化剂：具有强氧化性，易分解并放出氧气和热量；能导致可燃物的燃烧；与粉末状可燃物能组成爆炸性混合物；对热、震动或摩擦较为敏感。

（2）有机过氧化物：其本身易燃易爆、极易分解，对热、震动和摩擦极为

敏感。

6.有毒品危险特性

进入人体后，累积达一定量能与体液和组织发生生物化学作用或生物物理学作用，扰乱或破坏人体的正常生理功能，引起暂时性或持久性的病理改变，甚至危及生命。

7.放射性物品危险特性

（1）放射性。无论放射性大小，各种射线对人体的危害都很大，它们具有不同程度的穿透能力，过量的射线照射，对人体细胞有杀伤作用。若放射性物质进入体内，能对人体造成内照射危害。

（2）不可抑制性。不能用化学方法使其不放出射线，只能设法把放射性物质清除或者用适当的材料吸收、屏蔽射线。

（3）易燃性。多数放射性物品具有易燃性，有的燃烧十分强烈，甚至会引起爆炸。

（4）氧化性。有些放射性物品有氧化性。

8.腐蚀品危险特性

（1）强烈的腐蚀性：化学性质比较活泼，能和很多金属、有机化合物、动植物机体等发生化学反应。这类物质能灼伤人体组织，对金属、动植物机体、纤维制品等具有强烈的腐蚀作用。

（2）氧化性：硝酸、氯磺酸等都是氧化性很强的物质，与还原剂接触易发生强烈的氧化还原反应，放出大量热量。

（3）毒性：多数腐蚀品有不同程度的毒性，有的还是剧毒品。

二、危险化学品危险源辨识

（一）根据物质危险性进行辨识

危险化学品的固有危险性参考前欧共体危险品分类可划分为物理化学危险性、生物危险性和环境污染危险性。

1.物理化学危险性

（1）爆炸危险性。爆炸是一种快速失控的能量释放，释放的能量一般是以热、光、声和机械振动等形式出现。化工爆炸的能源最常见的是来自化学反应，但是机械能或原子核能的释放也会引起爆炸。任何易燃的粉尘、蒸气或气体与空气或其他助燃剂混合，在适当条件下点火都会产生爆炸。能引起爆炸的可燃物质有可燃固体、易燃液体的蒸气、易燃气体。

（2）氧化危险性。指危险物质或制剂与其他物质，特别是易燃物质接触产生强放热反应。绝大多数氧化剂都是高毒性化合物，按照其生物作用，有些可称为刺激性气体，甚至是窒息性气体。作为氧源的氧化性物质具有助燃作用，而且会增加燃烧强度。由于氧化反应的放热特征，反应热会使接触物质过热，而且各种反应副产物往往比氧化剂本身更具毒性。

（3）易燃危险性。易燃危险性可以细分为极度易燃性、高度易燃性和易燃性三个危险类别。极度易燃性是指闪点低于0℃、沸点低于或等于35℃的危险物质或制剂具有的特征。高度易燃性是指无需能量，与常温空气接触就能变热起火的物质或制剂具有的特征。易燃性是指闪点在21～55℃的液体物质或制剂具有的特征。

2. 生物危险性

（1）毒性。毒性危险可造成急性或慢性中毒甚至致死，应用试验动物的半数致死剂量（LD_{50}）表征。

（2）腐蚀性和刺激性。危险腐蚀性物质是能够严重损伤活性细胞组织的一类危险物质。一般腐蚀性物质除具有生物危险性外，还能损伤金属、木材等其他物质。刺激性是指危险物质或制剂与皮肤或薄膜直接、长期或重复接触会引起炎症。

（3）致癌性。致癌性是指一些化学危险物质或制剂，通过呼吸、饮食或皮肤注射进入人体会诱发癌症或增加癌变危险。

（4）致变性。致变性是指一些化学危险物质或制剂可以诱发生物活性。

3. 环境污染危险性

与化工有关的环境污染危险主要是水质污染和空气污染，是指化学危险物质或制剂在水和空气中的浓度超过正常量，进而危害人或动物的健康以及植物的生长。

（二）根据生产工艺条件进行辨识

危险化学品生产工艺参数是指温度、压力、投料（方式、速度、配比、顺序、数量等）等。工艺参数失控，不但会破坏平稳的生产过程，而且易导致火灾爆炸事故。

1.温度

温度是危险化学品生产的主要控制参数之一，各种化学反应都有其最适宜的温度范围。如果温度控制不当，就可能发生火灾、爆炸、灼烫等事故。

如果超温，反应物有可能分解，造成压力升高，甚至导致爆炸；或因温度过高而产生副反应，生成危险的副产物或过反应物。升温过快、过高或冷却设施发生故障，可能引起剧烈反应，乃至冲料或爆炸。温度过低会造成反应速率减慢或停滞，温度一旦恢复正常，往往会因为未反应物料过多而使反应加剧，有可能引起爆炸；温度过低还会使某些物料冻结，造成管道堵塞或破裂，致使易燃物料引发火灾或爆炸。

2.压力

压力直接影响沸腾、化学反应、蒸馏、挤压成型、真空及空气流动等物理和化学过程。加压操作在化工生产中普遍使用，如塔、釜、罐等大部分都是压力容器。压力控制不当，如在加压过程中压力失控，超过设备容许的最高压力，物料会以高速喷出，产生静电，极易发生火灾爆炸。如果负压操作中空气进入设备内，形成爆炸混合物，易引起爆炸。

3.投料

（1）投料方式：采用人工投料时，如果操作不慎，导致物料泄漏，可能引起火灾、爆炸、中毒等事故。另外，人工投料速度过快，反应失控，也可能出现冲料、爆炸等事故。采用机械自动投料，如果投料设备本身出现问题，也会导致火灾、爆炸等事故的发生。

（2）投料速度：对于放热反应，如果投料速度超过设备的传热能力，物料温度将会急剧升高，引起物料的分解、突沸，造成事故。投料时如果温度过低，往往会造成物料的积累、过量，温度一旦回升，反应加剧，加之热量不能及时导出，温度和压力都会超过正常指标，导致事故。

（3）投料配比：投料配比失调，对于易燃易爆物质，如果配比达到物料的爆炸极限，有可能引起火灾、爆炸事故等。催化剂对化学反应的速率影响很大，如果配比失误，多加催化剂，就可能发生危险。

（4）投料顺序：在危险化学品生产过程中，如果投料顺序颠倒，可能导致爆炸、暴沸、灼烫等事故。

（5）投料量：若投料过多，超过安全容积系数，往往会引起溢料或超压。投料过少，可能使温度计接触不到液面，导致温度出现假象，由于判断错误而发生事故；投料过少，也可能使加热设备的加热面与物料的气相接触，使易于分解的物料分解，从而引起爆炸。

（三）根据生产设备进行辨识

以工艺设备为对象，开展危险有害因素辨识，提出如下要求。

1. 工艺设备危险有害因素辨识

（1）设备本身应满足工艺的要求；

（2）标准设备应由具有生产资质的专业工厂生产、制造；

（3）应具备相应的安全附件或安全防护装置，如安全阀、压力表、温度计、液压计、阻火器、防爆阀等；

（4）应具备指示性安全技术措施，如超限报警、故障报警、状态异常报警等；

（5）应具备紧急停车的装置；检修时不能自动投入运行，不能自动反向运转的安全装置；

（6）应具有足够的强度、刚度；可靠的耐腐蚀性；抗高温蠕变性和抗疲劳性；

（7）密封应安全可靠；

（8）安全保护装置应配套等。

2. 电气设备的危险有害因素辨识

电气设备的危险有害因素辨识，应紧密结合工艺的要求和生产环境的状况来进行。

（1）电气设备的工作环境是否属于爆炸和火灾危险环境，是否属于粉尘、潮湿或腐蚀环境；

（2）电气设备应有国家指定机构的安全认证标志，特别是防爆电气的防爆等级；

（3）电缆接头、电缆沟内电缆敷设是否符合规范；

（4）触电、漏电、短路和过载保护、绝缘、电气隔离、屏护、电气安全距离等应可靠；

（5）应根据作业环境和条件选择安全电压，安全电压值和设施是否符合规定；

（6）防静电、防雷击等电气连接措施是否可靠；

（7）自动控制系统的可靠性，如不间断电源、冗余装置等；

（8）用电负荷等级是否匹配电力装置的要求、变配电站等是否符合国家标准要求等；

（9）事故状态下的照明、消防、疏散用电及应急措施用电的可靠性。

3.特种设备的危险有害因素辨识

特种设备的设计、生产、安装、使用应具有相应的资质或许可证，应按相应的规程标准进行辨识。

锅炉、压力容器、压力管道的主要危险有害因素有：安全防护装置失效、承压元件失效或密封元件失效，使其内部具有一定温度和压力的工作介质失控。

起重机械的主要危险有害因素有：基础不牢、超过工作能力范围运行和运行时碰到障碍物等原因造成的翻倒；超过工作载荷、超过运行半径等引起的超载；与建筑物、电缆或其他起重机械相撞；设备置放在坑或下水道上方，支撑架未能伸展，未能支撑于牢固的地面上造成基础损坏；视野限制、技能培训不足等造成误操作；负载从吊轨或吊索上脱落等。

（四）重大危险源辨识

长期或临时地生产、储存、使用和经营危险化学品，且危险化学品的数量等于或超过临界量的单元称为危险化学品重大危险源。

生产单元、储存单元内存在危险化学品的数量等于或超过《危险化学品重大危险源辨识》（GB 18218—2018）规定的临界量，即被定为重大危险源。单元内存在的危险化学品的数量根据处理危险化学品种类的多少区分为以下两种情况：

（1）生产单元、储存单元内存在的危险化学品为单一品种，则该危险化学品的数量即为单元内危险化学品的总量，若等于或超过相应的临界量，则定为重大危险源。

（2）生产单元、储存单元内存在的危险化学品为多品种时，则按式（3-1）计算，若满足式（3-1）则定为重大危险源：

$$S=\frac{q_1}{Q_1}+\frac{q_2}{Q_2}+\ldots+\frac{q_n}{Q_n}\geqslant 1 \tag{3-1}$$

式中　S——辨识指标；

$q_1, q_2, \ldots, q_n$——每种危险化学品实际存在量，t；

$Q_1, Q_2, \ldots, Q_n$——与每种危险化学品相对应的临界量，t。

危险化学品储罐以及其他容器、设备或仓储区的危险化学品的实际存在量按设计最大量确定。

对于危险化学品混合物，如果混合物与其纯物质属于相同危险类别，则视混合物为纯物质，按混合物整体进行计算，如果混合物与其纯物质不属于相同危险类别，则应按新危险类别考虑其临界量。

（3）案例分析。某生产经营单位存有10t硫化氢、2t氯气、0.5t光气，而硫化氢、氯气、光气相对应的临界量分别为20t、10t、0.8t。根据重大危险源辨识标准的规定，辨识指标的计算过程如下：

$$S=\frac{q_1}{Q_1}+\frac{q_2}{Q_2}+\frac{q_3}{Q_3}=\frac{10}{20}+\frac{2}{10}+\frac{0.5}{0.8}=1.325>1$$

所以，该生产经营单位存在重大危险源。

三、危险化学品企业安全生产标准化管理

（一）危险化学品安全标准化管理概述

危险化学品从业单位开展安全生产标准化工作是提高企业安全管理整体水平的一个重要的方式。安全标准化指企业内部有比较完善的安全生产责任制度，以及安全生产的具体规章制度、安全生产细致的操作流程，各个生产的环节能够进行安全的工作，符合有关法律规定的要求，并且能够保持此种状况持续下去。

（二）危险化学品安全标准化要求

1.管理模式

危险化学品从业单位安全生产标准化的管理模式采用PDCA循环，即计划（P）、实施（D）、检查（C）、改进（A），动态循环、持续改进的模式。

2.管理原则

（1）对照标准，结合企业自身特点开展标准化。

（2）应当以危险、有害因素辨识和风险评价为基础，树立任何事故都是可以预防的理念，注重科学性、规范性和系统性。

（3）应体现全员、全过程、全方位、全天候的安全监督管理原则。

（4）应采取企业自主管理、安全标准化考核机构考评、政府安全生产监督管理部门监督的管理模式，持续改进企业的安全绩效，实现安全生产长效机制。

3.危险化学品安全标准化的实施

（1）安全标准化的建立过程，包括初始评审、策划、培训、实施、自评、改进与提高6个阶段。

（2）初始评审阶段：依据法律法规及相关规范要求，对企业安全管理现状

进行初始评估，了解基本管理信息，发现差距。

（3）策划阶段：根据法律法规及规范要求，针对初始评审结果，确定建立安全标准化方案；进行风险分析、识别；了解适用的法律法规、标准及其他要求；完善安全生产规章制度、安全操作规程、台账、档案、记录等；确定企业安全生产方针和目标。

（4）培训阶段：对全体从业人员进行安全标准化相关内容培训。

（5）实施阶段：根据策划结果，落实安全标准化的各项要求。

（6）自评阶段：对实施情况进行检查和评价，发现问题，找出差距，提出完善措施。

（7）改进与提高阶段：根据自评的结果，改进安全标准化管理，不断提高安全标准化实施水平和安全绩效。

（三）危险化学品安全标准化管理要素

危险化学品安全标准化管理要素主要由10个一级要素53个二级要素组成。见表3-5。

表3-5　危险化学品安全生产标准化管理要素

一级要素	二级要素	一级要素	二级要素
1.负责人与职责	1.负责人 2.方针目标 3.机构设置 4.职责 5.安全生产投入及工伤保险	6.作业安全	1.作业许可 2.警示标志 3.作业环节 4.承包商与供应商 5.变更
2.风险管理	1.范围与评价方法 2.风险评价 3.风险控制 4.隐患治理 5.重大危险 6.风险信息更新	7.产品安全与危害告知	1.危险化学品档案 2.化学品分类 3.化学品安全技术说明书和安全标签 4.化学事故应急咨询服务电话 5.危险化学品登记 6.危害告知
3.法律法规与管理制度	1.法律法规 2.符合性评价 3.安全生产规章制度 4.操作规程 5.修订	8.职业危害	1.职业危害申报 2.作业场所职业危害管理 3.劳动防护用品

续表

一级要素	二级要素	一级要素	二级要素
4.教育培训	1.培训教育管理 2.管理人员培训教育 3.从业人员培训教育 4.新从业人员培训教育 5.其他人员培训教育 6.日常安全教育	9.事故与应急	1.事故报告 2.抢险与救护 3.事故调查和处理 4.应急指挥系统 5.应急救援器材 6.应急救援预案与演练
5.生产设施及过程安全	1.生产设施建设 2.安全设施 3.特种设备 4.过程安全 5.关键装置及重点部位 6.检维修 7.拆除和报废	10.检查与自评	1.检查与自评 2.安全检查形式与内容 3.整改 4.自评

第五节　化工企业事故案例警示

一、某氟硅材料有限公司火灾事故

（一）事故发生经过

2020年11月9日8时11分许，公司氟硅现场作业人员进入3号堆场第三通道中间位置进行倒桶作业时，发现一个浆液高沸吨桶底阀泄漏，泄漏量约20kg。现场作业人员使用熟石灰处理泄漏物导致起火燃烧，作业人员用灭火器将火熄灭后，未燃尽的浆液高沸与熟石灰混合物被装入编织袋捂成一堆，倚靠在一浆液高沸吨桶一侧。编织袋内未燃尽的浆液高沸与熟石灰混合物经长时间反应放热后，达到自燃温度，再次起火。导致倚靠的塑料吨桶局部受热融化，浆液高沸流出，被明火点燃且迅速向四周扩散，引燃堆场内存放的其它可燃物质，堆场边沿设置的收集沟被燃烧产物堵塞充填，流淌火向堆场外部扩散，导致火灾事故扩大，过火面积约9800m^2。

（二）原因分析

现场作业人员使用熟石灰处理浆液高沸泄漏物不当导致火灾。同时存在以下原因：① 企业安全意识薄弱，岗位作业人员缺乏专业知识，未严格落实安全生产主体责任；② 未进行企业系统性的安全风险辨识、评估并制定相对应的处置措施；③ 未健全生产安全事故隐患排查治理制度。四是未按规定要求对外聘的作业人员进行安全生产教育和培训，即安排上岗作业。

二、某农业科学有限公司爆炸事故

（一）事故发生经过

2020年2月11日中午，烯草酮合成岗一操甲安排二操乙于18点前将1150kg氯代胺注入V1428储罐。18时30分，二操乙启动氯代胺上料泵向烯草酮合成釜上料，但一操甲观察发现氯代胺打不上来，经二操乙以点动上料泵的方式处理后仍无法上料（经查视频监控资料：18时06分至19时40分，二操乙共计进行瞬间启动75次上料泵）。19时10分左右，一操甲责成二操乙拆开过滤器，查看是否存在堵塞问题。二操乙拆开过滤器后，一操甲和操作工丙先后过来查看，发现过滤网上的物料发黑，是不特别黏稠的液体，与日常所用氯代胺不同。19时28分20秒二操乙将拆下的过滤网清洗回装后仍然无法上料。19时45分左右，操作工丁发现氯代胺溶液接受槽V1427放空管发热，于是将情况报告给车间主任助理戊，车间主任助理戊接报后立即派员排查。19时49分左右，一楼丙酰三酮工段操作工听到从V1428氯代胺储罐方向传来“哧哧”的刺耳声响，19时49分52秒，V1428氯代胺储罐附近陆续有人员离开现场（因受视频角度影响，分辨不清人数），19时50分07秒氯代胺储罐（V1428）发生爆炸，爆炸引起周边设施、物料着火。

（二）原因分析

该公司烯草酮工段一操甲未对物料进行复核确认，二操乙错误地将丙酰三酮与氯代胺同时加入到氯代胺储罐（V1428）内，导致丙酰三酮和氯代胺在储罐内发生反应，放热并积累热量，物料温度逐渐升高，反应放热速率逐渐加快，最终导致物料分解、爆炸。同时存在以下原因：① 企业安全生产规章制度不健全、执行不规范；② 企业生产异常应急处理机制不健全；③ 对从业人员安全教育培训不到位；④ 企业的车间管理人员职责划分不清；⑤ 企业未有效建立、运行风险管控和隐患排查双重预防机制；⑥ 有关部门对企业试生产期间安全生产监督检查、管理工作不够细、不够实，监督、指导工作不力。

思考题

1.什么是化学工业，它是如何分类的？

2.化工生产有什么特点？如何进行生产管理？

3.什么是危险化学品，它们可以分为哪些类型？

4.危险化学品重大危险源的定义与辨识依据是什么？

5.简述无机化工的生产特点。

6.简述有机化工的生产特点。

7.简述过程安全管理（PSM）管理要素及其应用。

8.什么是系统安全分析法，有哪些类型，各有什么优缺点？

9. HAZOP分析的基本方法与应用。

第四章 建筑施工安全管理

第一节 概 述

建筑工程是为新建、改建或扩建房屋建筑物和附属构筑物设施所进行的规划、勘察、设计和施工、竣工等各项技术工作和完成的工程实体以及与其配套的线路、管道、设备的安装工程。也指各种房屋、建筑物的建造工程，又称建筑工作量。这部分投资额必须兴工动料，通过施工活动才能实现。

建筑施工是指工程建设实施阶段的生产活动，是各类建筑物的建造过程，也可以说是把设计图纸上的各种线条，在指定的地点，变成实物的过程。它包括基础工程施工、主体结构施工、屋面工程施工、装饰工程施工等。施工作业的场所称为建筑施工现场或叫施工现场，也叫工地。建筑施工是一个技术复杂的生产过程，需要建筑施工工作者发挥聪明才智，创造性地应用材料、力学、结构、工艺等理论解决施工中不断出现的技术难题，确保工程质量和施工安全。这一施工过程是在有限的时间和一定的空间上进行着多工种工人操作。施工中有成百上千种材料的供应、各种机械设备的运行，因此必须要有科学的、先进的组织管理措施和先进的施工工艺方能圆满完成这个生产过程。这一过程又是一个具有较大经济性的过程，在施工中将要消耗大量的人力、物力和财力。因此要求在施工过程中处处考虑其经济效益，采取措施降低成本。施工过程中人们关注的焦点始终是工程质量、安全（包括环境保护）、进度和成本。因此，在建筑施工过程中如何开展有效的安全管理，达到“人、机、环、管”各要素之间的协调匹配，预防生产事故的发生，这是我们当今生产力状况下着力向科学安全管理突破的方向。

一、建筑工程的分类与特点

（一）建筑工程分类

（1）工业建筑工程：指从事物质生产和直接为物质生产服务的建筑工程。一般包括：生产（加工、储运）车间、实验车间、仓库、民用锅炉房和其他生产用建筑物。

（2）民用建筑工程：指直接用于满足人们物质和文化生活需要的非生产性建筑物。一般包括：住宅及各类公用建筑工程。

（3）构筑物工程：指与工业或民用建筑配套，或独立于工业与民用建筑工程的工程。一般包括：烟囱、水塔、仓库、池类等。

（二）建筑工程特点

（1）涉及多个行业的产品的应用，如机械设备、电气设备设施、金属和非金属材料、化工产品等的使用。

（2）涉及场地大，尤其是水泥、玻璃和陶瓷等建筑材料的使用，需要一个广大的场地堆放和科学的管理。

（3）涉及人员多，主要有工程设计、施工和项目管理等人员的共同参与，需要一个统筹协调、合理安排使用的过程。

（4）产品是固定的且体积庞大，而作业人员是流动的且文化层次差距大，难以统一管理，事故风险高。

二、建筑工程事故特点

（一）复杂性

工程质量事故的复杂性体现在：

（1）建筑生产与一般工业相比具有产品固定，生产流动；产品多样，结构类型不一；露天作业多，自然条件复杂多变；

（2）材料品种、规格多，材质性能各异；

（3）多工种、多专业交叉施工，相互干扰大；

（4）建筑施工工艺要求不同，施工方法各异，技术标准不一等特点。

因此，影响工程质量的因素繁多，造成质量事故的原因错综复杂，即使是同一类质量事故，而原因却可能多种多样、截然不同。例如，就钢筋混凝土楼板开裂质量事故而言，其产生的原因就可能是：设计计算有误；结构构造不良；地基不均匀沉陷；或温度应力、地震力、膨胀力、冻胀力的作用；也可能是施工质量低劣、偷工减料或材质不良等。所以这对分析质量事故，判断其性质、原因及发展，确定处理方案与措施等都增加了复杂性及困难。

（二）严重性

工程项目一旦出现质量事故，影响较大。轻者影响施工顺利进行、拖延工期、增加工程费用；重者则会留下隐患成为危险的建筑，影响使用功能或不能使用；更严重的还会引起建筑物的失稳、倒塌，造成人民生命、财产的巨大损失。

（三）可变性

许多工程的质量问题出现后，其质量状态并非稳定于发现的初始状态，而是有可能随着时间而不断地发展、变化。例如，桥墩的超量沉降可能随上部荷载的不断增大而继续发展；混凝土结构出现的裂缝可能随环境温度的变化而变化，或随荷载的变化及负担荷载的时间而变化等。因此，有些在初始阶段并不严重的质量问题，如不能及时处理和纠正，有可能发展成一般质量事故，一般质量事故有可能发展成为严重或重大质量事故。例如：开始时微细的裂缝有可能发展导致结构断裂或倒塌事故；土坝的涓涓渗漏有可能发展为溃坝。所以，在分析、处理工程质量问题时，一定要注意质量问题的可变性，应及时采取可靠的措施，防止其进一步恶化而发生质量事故；或加强观测与试验，取得数据，预测未来发展的趋势。

（四）多发性

建设工程中的质量事故，往往在一些工程部位中经常发生。例如悬挑梁板断裂、雨棚坍塌、钢屋架失稳等。因此，总结经验，吸取教训，采取有效措施予以预防十分必要。

可见，建筑施工（包括市政施工）属于事故发生率较高的行业。每年的事故死亡人数仅次于煤炭与交通行业。由于一线作业人员录用了大量的产业工人，他们是建筑施工的主力军，也是各类意外伤害事故的主要受害群体。根据事故统计，在建筑施工伤亡人员中产业工人约占60%，并且呈现不断上升的趋势。建筑业之所以成为高危险行业，主要与建筑施工特点有关。

从施工中常见事故伤害类型来看，主要有物体打击、车辆伤害、机具伤害、起重伤害、触电、高处坠落、坍塌中毒和窒息、火灾和爆炸以及其他伤害。根据历年来伤亡事故统计分类，建筑施工中最主要、最常见、死亡人数最多的事故有五类，即高处坠落、触电、物体打击、机械伤害、坍塌事故。这五类事故占建筑施工事故总数的86%左右，被人们称为建筑施工五大类伤亡事故。

建筑业是一个危险性高、易发生事故的行业，是安全生产专项治理的重点行业之一。

三、建筑工程安全管理

建筑工程安全管理是一个系统性、综合性的管理，其管理的内容涉及建筑生产的各个环节。因此，建筑企业在安全管理中必须坚持“安全第一，预防为主，综合治理”的方针，制定安全政策、计划和措施，完善安全生产组织管理体系和检查体系，加强安全管理。

（一）安全管理主要内容

（1）制定安全政策；
（2）建立、健全安全管理组织体系；
（3）安全生产管理计划和实施；
（4）安全生产管理业绩考核；
（5）安全管理业绩总结。

（二）安全管理程序

（1）确定安全管理目标；
（2）编制安全措施；
（3）实施安全措施；
（4）安全措施实施结果的验证；
（5）评价安全管理绩效并持续改进。

（三）安全计划内容

（1）工程概况；
（2）管理目标；

（3）组织机构与职责权限；
（4）规章制度；
（5）风险分析与控制措施；
（6）安全专项施工方案；
（7）应急准备与响应；
（8）资源配置与费用投入计划；
（9）教育培训；
（10）检查评价、验证与持续改进。

第二节　施工组织设计及施工安全技术措施

一、施工组织设计

建筑工程施工组织设计是指导全局、统筹规划建筑工程施工活动全过程的组织、技术、经济文件。从工程施工招投标、申报施工许可证到进行施工等活动都必须有工程施工组织设计作为指导。施工组织设计一般分为施工组织总设计、单位工程施工组织设计和分部分项工程施工组织设计（也称为专项施工方案）三类。

二、施工安全技术措施

施工安全技术措施是施工组织设计中的重要组成部分，是具体安排和指导工程安全施工的安全管理与技术文件，施工安全技术措施的主要内容包括：
（1）进入施工现场的安全规定；
（2）高处及立体交叉作业的防护；
（3）机械设备的安全使用。

三、专项安全施工组织设计

专项安全施工组织设计也称为分部分项工程安全施工组织设计。对专业性较强，达到一定规模的危险性较大的分部分项工程，应编制专项施工方案。例如，基坑（槽）土方开挖及降水工程，临时用电（也称施工用电）工程，脚手架工程，模板工程，高处作业工程，起重吊装工程。

四、危险性较大的分部分项工程安全管理

危险性较大的分部分项工程安全管理可根据建设部制定的《危险性较大的分部分项工程安全管理规定》（中华人民共和国住建部令〔2018〕第37号）进行，对应制定专项方案的危险性较大的分部分项工程和应组织专家对方案进行论证的超过一定规模的危险性较大的分部分项工程的范围做出了详细规定。同时，明确危险性较大的分部分项工程范围，以及超过一定规模的危险性较大的分部分项工程的范围。

五、建筑施工安全技术

建筑施工安全技术有很多规范和要求，现将主要的施工安全要求作一简述。

（1）土方工程，有一个很突出的问题是土方坍塌事故，主要采取边坡稳定因素及基坑支护技术，以预防事故的发生。

（2）模板工程，在建筑施工中也占有相当重要的位置，在模板的构造和使用材料的性能、荷载规定、模板安装和拆除等方面，应严格遵守建筑施工规范进行作业。

（3）起重吊装工程，包括千斤顶、倒链、卡环、绳卡、吊钩、葫芦、绞磨、滑车和滑车组、构件的吊装等都要符合技术规定要求，定期检查。

（4）拆除工程，积极做好施工准备，做好安全技术交底，严守拆除工程施工安全规定和技术措施，及控制爆破拆除工程的规定等。

（5）建筑施工机械，使用的工程机械、筑路机械、农业机械和运输机械等有关的机械设备时，应严守操作规程和技术规范要求。

（6）垂直运输机械，对于塔式起重机、龙门架（井字架）物料提升机和外用电梯，应定期检测检查设备的安全防护装置。

（7）其他工程，如脚手架工程、高处作业工程、施工现场临时用电工程、焊接工程和建筑施工防火安全等，也都相应采用有效的安全技术，严格按操作规程作业。

第三节　建筑施工安全管理

一、建筑施工安全生产标准化

2014年，国家住房和城乡建设部根据国务院关于进一步加强企业安全生产工作的通知，以及企业安全生产标准化基本规范等政策文件，印发《建筑施工安全生产标准化考评暂行办法》（建质〔2014〕111号，以下简称《办法》）。《办法》分总则、项目考评、企业考评、奖励和惩戒、附则5章38条，自发布之日起施行。为全国的建筑业安全管理提供了规范性的文件要求，也为建筑施工管理、安全生产提供了法律依据。

《办法》所称建筑施工安全生产标准化是指建筑施工企业在建筑施工活动中，贯彻执行建筑施工安全法律法规和标准规范，建立企业和项目安全生产责任制，制定安全管理制度和操作规程，监控危险性较大分部分项工程，排查治理安全生产隐患，使人、机、物、环始终处于安全状态，形成过程控制、持续改进的安全管理机制。主要内容如下。

（一）安全管理责任制

建立并执行安全管理责任制是建筑施工企业的主要工作，内容要体现安全生产责任制、安全施工组织设计、安全检查、安全教育、特种作业管理、安全警示标志、生产安全事故处理、应急预案。施工项目的各部门和有关人员要落实企业主体责任，严格按操作规程作业。

（二）文明施工要求

文明施工在建筑施工现场有着非常重要的作用，这是企业安全管理实施的重要表现。重点抓文明施工安全管理规定、现场围挡、封闭管理、施工场地、材料堆放、临时建筑、办公与生活用房、施工现场标牌、现场防火、保健急救、综合治理等方面工作，以有效地展示现场管理的水平。

（三）设备设施管理

建筑施工过程所需要的设备设施管理包括脚手架管理和使用，基坑工程开挖与管理、模板工程使用规定、“三宝”[1]“四口”[2]“五临边”[3]防护设施、施工用电安全管理、货用施工升降机和人货两用施工升降机管理。塔式起重机、起重吊装、工机具、高处作业吊篮等，都要严格按施工规范进行安装、验收和使用管理，确保施工安全。

二、建筑施工危险源辨识

建筑施工要求高、难度大，涉及工序复杂，使用机械设备多、危险性大，所以应正确进行施工现场的危险源辨识并进行及时控制，才能有效避免各种伤亡事故的发生，减小经济损失。危险源的辨识是建筑施工过程中的一项基础性工作，正确地进行危险源的辨识是进行安全管理的前提。

（一）建筑施工危险源辨识方法

（1）直观经验法：主要是根据有关国家标准、法律法规，借助工作人员的经验，对施工环境、施工工艺、施工设备、施工人员和安全管理的状况进行辨识和判断。此种方法主观性比较强，对工作人员的专业水平、从业年限、判断能力等要求很高。包括对照法和类比法。

（2）系统安全分析方法：主要是通过各种系统安全分析的方法，比如安全检查表法（SCA）、预先危险性分析法（PHA）、危险性与可操作性（HAZOP）分析、故障类型分析、影响和危险度分析（FMECA）、事故树分析（FTA）、事件树分析（ETA）、原因后果分析（CCA）等，对建筑施工中的危险源进行辨识。其中，FTA、ETA 和CCA 不仅能够对危险源进行定性评价，而且能够对危险性进行量化分析。此种方法系统性与科学性更强，所以应用范围就更广一些。

（二）建筑施工危险源分类

在建筑施工过程中，第一类危险源主要有机械能（包括动能和势能）、电能、热能等。例如，落下、抛出、飞散的物体，运动的车辆，被吊起的重物，带电体，高温物体等都是能量载体。第二类危险源是指导致约束、限制能量措施失效或破坏的各种不安全因素。主要包括人（人的不安全行为）、物（物的不安全状态）、环境（不良的系统运行环境）三个方面的问题。在施工过程

[1] 三宝是指安全帽、安全带、安全网。

[2] 四口是指预留洞口、电梯井口、通道口、楼梯口。

[3] 五临边是指楼面临边、屋面临边、阳台临边、升降口临边、基坑临边。

中的危险源主要是第二类危险源。第一类危险源是一种客观存在，几乎无法避免，只有通过控制人的不安全行为，改变物体的各种不安全状态，改善作业环境等方式来降低事故发生率。一一识别非常困难，但可以对危险性较大的工程进行危险源辨识，详见表4-1所示。

表4-1　危险性较大施工工程的危险因素辨识表

序号	危险性较大的施工工程	潜在的主要危险有害因素	主要事故类型
1	脚手架工程	未按规范搭建脚手架；作业人员未佩戴安全防护用品；架设材料乱堆放	高处坠落、物体打击、坍塌
2	深基坑工程	基坑深，地基处理复杂	机械伤害、物体打击、
3	临边工程	无围护设施	高处坠落
4	模板工程	支撑搭设不合理；支撑系统缺陷；脱模；操作不正确	高处坠落、坍塌
5	拆除爆破工程	使用易燃易爆危险品；防护不当	爆炸、中毒、飞石伤人
6	土方开挖工程	支护不当；临边防护不当	坍塌、高处坠落
7	起重吊装工程	钢丝绳强度不符合标准；物件捆绑不牢靠；个人防护用品配备不齐	起重伤害、机械伤害
8	施工临时用电	漏电、短路、静电、雷电	触电

三、建筑施工常见风险与防范措施

（一）常见施工安全生产风险

建筑工程施工安全生产有两类风险因素：一类是非技术风险因素，一类是技术风险因素。

1.非技术风险因素

（1）施工单位无安全生产许可证；从事消防工程安装企业无消防安全资格认证；从事特种作业人员无特种作业操作上岗证。

（2）施工企业未制定安全生产管理制度、安全文明施工管理制度、安全生产责任制。

（3）施工企业未制定安全技术措施。

2.技术风险因素

（1）土石方施工方案中无基坑支护安全措施。

（2）脚手架搭设方案无设计图及设计计算书。

（3）施工方案中缺乏“四口”“五临边”的防护措施。

（4）垂直运输机械的安装、使用和拆卸无安全措施。

（5）施工现场的临时用电未按照安全生产规定安装或无相应的安全措施。

（6）未制定模板施工方案，或制定的方案不完整。

（7）施工现场无防火、防爆安全措施。

（8）未制定季节性安全措施。

（9）施工图设计错误。

（10）因施工质量问题产生的其他安全事故。

风险是客观存在的，是人们无法消除的。安全管理人员对待风险应采取正确的态度，既不能夸大风险，被风险吓倒，又要正视风险，把握其规律，采取相应的对策，认真做好风险因素的事前控制，尽量避开或减轻风险造成的损失。

（二）安全生产风险防范措施

1.加大培训力度，提高安全意识

增强相关的建筑施工单位与有关的工作人员的安全意识，提升工作人员的技能水平，提高相关的自我防范能力。确保工作人员上岗前经过严格的安全培训工作，通过政府组织的相关考试，取得合格的培训证件。

2.加强建筑工程安全监督管理体系建设

完善管理机制规范建筑工程施工行为，必须建立一套健全的建筑工程安全监督管理体系。有关的安全监督管理部门要认真贯彻有关法律法规，严格执法，坚持“安全第一，以人为本”，遵循有关规章制度，做到执法过程有理可查，有法可依。

3.提升安全监督管理人员的执法能力

开展执法人员专业知识培训，强化执法手段，增强对施工单位的监管工作，不断增强有关安全意识，认真落实安全责任制度，广泛普及有关法律法规。以法律法规为基础，更好地开展有效执法，全面提升建筑工程安全施工能力。

4.实施危险源的分级管理与控制

危险源的存在方式不同，危险程度不同，发生事故的概率以及事故后果的严重程度就不同。依据国家相关规定，对危险源实行分级控制。危险性较低的危险源，安全管理者只需进行动态监测，暂时不需采取措施；危险性较高的危险源，需进行系统的辨识，并进行危险性的确认，而且实时监测；重大危险源，应做好事故应急预案，并进行事故演练，一旦发生事故应立即采取措施，确保人员安全，并尽可能减少损失。

四、建筑施工企业风险分级管控体系

（一）总体要求

（1）各级住房和城乡建设部门应全面推进建筑施工企业建立健全安全生产风险分级管控系统，在职责范围内对安全生产风险分级管控工作依法实施监督管理。

（2）建筑施工企业是安全生产风险分级管控的责任主体，应建立适合本企业的安全生产风险分级管控体系和有效运行的管理制度，确保体系建设及运行目标的实现。

（3）建筑施工企业、项目部应分别建立由企业主要负责人、项目负责人牵头的安全生产风险分级管控组织机构，全面负责隐患排查治理的研究、统筹、协调、指导等工作。

（4）建筑施工企业应遵照“全员参与、分级负责；自主建设、持续改进；系统规范、融合深化；注重实际、强化过程；激励约束、重在落实”的原则，确保风险分级管控体系建设的适用性、针对性、操作性和有效性。

（二）工作程序和内容

1.风险分级管控工作程序

（1）风险分级管控工作程序主要包括：风险点确定、危险源辨识、风险评价、编制清单、制定措施、管控实施、验证效果、文件管理、持续改进等关键控制环节。

（2）建筑施工企业建立风险分级管控体系时，宜遵照系统工程原理，对每一个风险点覆盖或包括的危险源进行辨识，在划分作业岗位、作业活动或区域的基础上，再按照人的不安全行为、物的不安全状态、作业环境不安全因素以及管理缺陷等四个方面进行危险源逐一识别，然后按照工程技术措施、管理措施、个体防护措施以及应急处置措施等四个逻辑层次逐一考虑，制定实施风险管控措施。

（3）建筑施工企业应针对风险分级管控过程的每一个环节，制定相应的标准、方法、步骤及要求，有组织、有序地开展工作。

2.风险点确定

（1）风险判定准则：施工企业应结合本企业可接受风险程度，制定生产安全事故及职业健康事件发生的可能性、严重性和风险度管控取值标准，明确风险判定准则，以便准确判定风险等级。风险等级判定应按从严从高原则。

（2）风险点划分原则：风险点划分应遵循“大小适中、便于分类、功能独立、易于管理、范围清晰”的原则，涵盖建筑施工活动全过程所有常规和非常规状态的作业活动。

（3）风险点划分方法：企业可根据自身的管理方式、方法、经验，采用一种或多种方法对风险点进行划分。

（4）风险点排查：风险点排查至少应包含《建筑施工安全检查标准》（JGJ 59—2011）所涉及的风险点。要建立风险点排查台账，实现“一企一册”；台账信息应包括：风险点名称、风险点位置、风险点范围、潜在事故类型、事故危害程度、风险点风险等级、管控层级、管控措施、应急处置要求等信息。建筑施工企业根据承包工程的类别等级按照国家相关技术标准、管理制度规定、企业以往经验等排查企业施工活动中存在的风险点。工程项目实施过程中对施工现场的场地情况、施工环境、施工阶段、分部分项工程，以及设备、设施、装置、作业活动、管理情况等进行风险点排查。

3.危险源辨识

（1）要求：危险源辨识的范围，应覆盖施工现场所有的作业活动，包括施工现场的办公区、生活区、作业区以及周边建筑物、构筑物或其他设施。危险源识别状态与时态，应考虑正常、异常、紧急三种状态和过去、现在、将来三种时态。危险源辨识还应考虑常规和非常规施工作业活动等，主要是物的不安全状态，人的不安全行为，作业环境和管理的缺陷等因素。危险源辨识应采取询问交谈、现场观察、工作危害分析、安全检查表和获取外部信息等方法，从事故发生的根源、状态和行为等多个方面对危险源进行分析，以确保充分、全面、无遗漏地对危险源进行辨识。

（2）风险评价方法：常用的有风险程度分析法、作业条件危险性分析法、风险矩阵分析法等几种风险评价方法，建筑施工企业可根据自己的管理模式和管理习惯，采用一种或几种评价方法。

（3）风险等级：根据风险危险程度，按照从高到低的原则划分为一级（重大风险）、二级（较大风险）、三级（一般风险）、四级（低风险）等四个风险级别，分别用红、橙、黄、蓝四种颜色表示。

4. 风险分级管控

（1）风险控制措施：主要包括消除措施、替代措施、工程技术措施、管理措施、培训教育措施、警告或标识措施、个体防护措施和应急处置措施等。

（2）原则：风险分级管控应遵循风险越高管控层级越高的原则，对于操作难度大、技术含量高、风险等级高、可能导致严重后果的作业活动应重点进行管控。上一级负责管控的风险，下一级必须同时负责管控，并逐级落实具体措施。建筑施工企业应合理确定各级风险的管控层级，管控层级可进行增加、合并或提级。

（3）风险分级管控层级：一级风险的管控，由企业制定管控方案，挂牌督办，项目部组织实施；二级风险的管控，由项目部负责组织实施，企业组织监督指导；三级风险的管控，由施工班组负责组织实施，项目部负责监督指导；四级风险的管控，由施工作业人员实施，施工作业班组长负责监督指导。

5. 其他

最后，须编制风险分级管控清单，建立文件管理程序，开展持续改进，达到风险管控的目的，确保企业安全生产。

五、LEC法在建筑施工安全风险评估中应用

西安市某建筑施工项目隐患排查治理案例

1. 项目概况

某建筑施工项目是南方某食品公司为发展业务在西北地区筹建的食品物流运营中心。该项目于2011年10月20日开工建设，总面积为16517m^2，工程总造价为5089.88万元。项目有两个主体工程：综合办公楼为框架结构，设计地上六层，建设面积为3412m^2；库房为框架结构，设计地上部分为一层，局部三层，建筑面积为13105m^2。建筑施工场地内有塔吊等大型机械设备设施，并设有钢筋加工棚、总配电室、混凝土搅拌场地、材料贮存场地、项目工程指挥部和员工住宿区、员工食堂等。

2.事故隐患辨识定级标准

参照《企业职工伤亡事故分类》（GB 6441）和《生产过程危险和有害因素分类与代码》（GB/T 13861）进行危险有害因素辨识，并制定了危险程度分级表，见表4-2。

3.事故隐患排查结果

对该项目分别从人的不安全行为、物的不安全状态、管理或环境上的缺陷以及违反国家法律法规这三类隐患入手进行事故隐患排查分类分级与认定，其结果如下。

表4-2　危险程度分级表

风险值D	危险程度（描述）	风险等级（等级）	可能导致的后果
$D \geqslant 320$	极其危险、灾难性的，不可能继续作业，停业整顿	重大风险（A级）	造成重大人员伤亡或系统严重破坏，必须果断予以排除、进行重点防范，应予以停业整顿
$160 \leqslant D < 320$	高度危险，立即整改	较大风险（B级）	造成人员伤亡或较大系统损坏，必须立即采取措施，应予以立即整改
$70 \leqslant D < 160$	显著危险，限期整改	一般风险（C级）	处于事故的临界状态，暂时不至于造成人员伤亡、系统损坏或降低系统性能，应予以限期整改
$D < 70$	一般危险，需要注意，限期整改	低风险（D级）	可能会造成人员伤亡或系统损坏，需要注意，应予以排除或采取措施

（1）由于人的不安全行为而存在的事故隐患：

① 安全员证件过期、架子工等无证作业；

② 安全工作中弄虚作假、“三级教育”代签字、无日常检查记录等；

③ 作业人员不佩戴个人防护用品；

④ 塔吊地面指挥人员工作中脱岗、盲目指挥、不使用旗语和对讲机等。

（2）由于物的不安全状态而存在的安全隐患：

① 楼内“四口”“五临边”等安全防护多处不到位，电梯井防护缺失；

② 塔吊吊钩防脱钩装置缺失；

③ 在有较大危险因素的场地、设施、设备（钢筋加工棚、总配电室等）上未设置任何明显的安全警示标志；

④ 不符合“三级配电两级保护”要求，二级电箱未加锁、无安全标示；

⑤ 总配电室未设置隔离护栏、警示标志或应急照明设备。

（3）由于管理或环境上的缺陷以及违反国家法律法规而存在的安全隐患：

① 未按规定建立并执行安全生产责任制，缺少安全生产责任制签订书、施工人员工伤意外保险、应急救援预案等相关安全管理资料；

② 定期检查制度不落实，没有执行日常检查制度；

③ 安全技术交底针对性不强、不全面，未履行签字手续；

④ 现场安全管理混乱，临时用电不规范；

⑤ 违反建筑施工相关法律法规。

4.事故隐患治理措施

结合该项目排查出来的具体隐患，运用LEC法，对该项目施工现场安全生产事故隐患进行评价与定级，其结果见表4-3。根据LEC评价法对项目事故隐患计算的D值及定级结果，按照定项目、定责任人、定措施、定资金、定时限、定部门的原则和要求，制定安全隐患治理措施，见表4-4。

表4-3　项目安全生产事故隐患评价与定级结果

序号	安全隐患	得分				风险等级	评价结果	现有措施
		L	E	C	D			
1	1.日常检查制度未落实； 2.缺少安全生产责任制签订书、施工人员工伤意外保险、应急救援预案等相关安全管理资料	3	6	15	270	B	高度危险，立即整改	项目部有安全主管部门
2	1.安全员证件过期； 2.架子工等无证作业	6	6	15	540	A	极其危险，停业整顿	无
3	1.塔吊地面指挥人员工作中脱岗、盲目指挥、不使用旗语和对讲机等； 2.塔吊吊钩防脱钩装置缺失	6	6	40	1440	A	极其危险，停业整顿	有对讲机和指挥旗等设备和工具

续表

序号	安全隐患	得分				风险等级	评价结果	现有措施
		L	E	C	D			
4	在未竣工的建筑内设置集体宿舍	3	6	7	126	C	显著危险，限期整改	无
5	作业人员不按规定佩戴安全保护用品	6	6	7	252	B	高度危险，立即整改	无
6	钢筋加工棚、总配电室等未设置明显安全警示标志	3	6	7	126	C	显著危险，限期整改	有防护但防护性能低
7	1.无临时用电专项方案，现场用电不规范； 2.二级电箱未加锁、无安全标示； 3.总配电室未设置隔离护栏、警示标志或应急照明设备	3	6	7	126	C	显著危险，限期整改	无

表4-4　项目安全生产事故隐患治理措施

序号	存在的隐患	安全对策措施	资金投入/元	计划完成时间	措施落实情况	责任人
1	1.日常检查制度未落实 2.缺少安全生产责任制签订书、施工人员工伤意外保险、应急救援预案等相关安全管理资料	1.项目部经理负责成立安全委员会，负责工程项目安全生产 2.由安全委员会牵头按规定补签安全生产责任书，组织实施应急救援演习，完善相关安全管理资料	8000	3月15日	全部完成	
2	1.安全员证件过期 2.架子工等无证作业	1.在相关部门重审安全员的证件 2.由劳务部负责落实特殊工种人员操作证	750	3月20日	全部完成	
3	1.塔吊地面指挥人员工作中脱岗、盲目指挥、不使用旗语和对讲机等 2.塔吊吊钩防脱钩装置缺失	1.派专人负责塔吊指挥并配备信号旗和对讲机 2.更换新的吊钩防脱落装置	400	3月15日	全部完成	

续表

序号	存在的隐患	安全对策措施	资金投入/元	计划完成时间	措施落实情况	责任人
4	在未竣工的建筑内设置集体宿舍	立即拆除搭建的临时宿舍	230	3月15日	全部完成	
5	作业人员不佩戴安全保护用品	对工人加强培训教育，对个别违规操作者进行处罚	0	3月15日	全部完成	
6	钢筋加工棚、总配电室等未设置明显的安全警示标志	对场地进行集中三天的整理、清理和整顿，在危险性较大的场所配置明显的安全警示标志	800	3月15日	全部完成	
7	1.无临时用电专项方案，现场用电不规范 2.二级电箱未加锁、无安全标示 3.总配电室未设置隔离护栏、警示标志或应急照明设备	1.制定临时用电专项方案，集中一周时间规范现场用电 2.二级电箱由专人负责，加锁、加安全标志 3.重新搭建总配电室，设置安全护栏并有专人看管，并配置警示标志和应急照明灯	1200	3月15日	全部完成	

第四节　智慧工地安全管理

随着信息化技术的发展，移动技术、人工智能、传感技术、虚拟现实、智能穿戴及工具在工程施工阶段的应用不断提高，智慧工地建设应运而生。2020年7月3日，住房和城乡建设部联合国家发展和改革委员会、科学技术部、工业和信息化部、人力资源和社会保障部、交通运输部、水利部等十三个部门联合印发《关于推动智能建造与建筑工业化协同发展的指导意见》(建市〔2020〕60号)，指导意见提出：大力推进先进制造设备、智能设备及智慧工地相关装备的研发、制造和推广应用。

在此背景下，很多企业研发了智慧工地管理系统，实现人和物的全面感知、施工技术全面智能、物体互联互通、信息协同共享、风险智慧预控的新型工地管理手段。

一、智慧工地建设的意义

建筑行业是我国国民经济的重要物质生产部门和支柱产业之一，建筑产品是建筑施工的成果。由于建筑施工也是一个安全事故多发的高危行业，亟须实现施工现场的安全管理，以降低事故发生频率、杜绝各种违规操作和不文明施工，提高建筑工程质量。提倡以信息化手段，采用移动技术、智能穿戴及工具在工程施工阶段的应用，设计智慧工地管理系统，实施智慧工地监督管理工作，达到有效及时地开展建筑工地的智慧管理的目的。因此，建设智慧工地在实现绿色建造、引领信息技术应用、提升社会综合竞争力等方面具有重要意义。

智慧工地将更多人工智能、传感技术、虚拟现实等高科技技术植入建筑、机械、人员穿戴设施、场地进出关口等各类物体中，并且被普遍互联，形成"物联网"，再与"互联网"整合在一起，实现工程管理干系人与工程施工现场的整合。智慧工地的核心是以一种"更智慧"的方法来改进工程各干系组织和岗位人员交互的方式，以便提高交互的明确性、效率、灵活性和响应速度。

二、智慧工地技术支撑

（一）数据交换标准技术

要实现智慧工地，就必须做到不同项目成员之间、不同软件产品之间的信息数据交换。由于这种信息交换涉及的项目成员种类繁多、项目阶段复杂且项目生命周期时间跨度大，以及应用软件产品数量众多，只有建立一个公开的信息交换标准，才能使所有软件产品通过这个公开标准实现互相之间的信息交换，才能实现不同项目成员和不同应用软件之间的信息流动。

（二）BIM技术

BIM（Building Information Modeling，建筑信息模型）技术在建筑物使用寿命期间可以有效地进行运营维护管理，BIM技术具有空间定位和记录数据的能力，将其应用于运营维护管理系统可以快速准确定位建筑设备组件。借助BIM技术，可对材料进行可接入性分析，选择可持续性材料，进行预防性维护，制定行之有效的维护计划。BIM与RFID（射频识别）技术结合，将建筑信息导入资产管理系统，可以有效地进行建筑物的资产管理。BIM还可进行空间管理，合理高效使用建筑物空间。

（三）可视化技术

可视化技术能够把科学数据，包括测量获得的数值、现场采集的图像或是计算中涉及、产生的数字信息变为直观的、以图形图像信息表示的、随时间和空间变化的物理现象或物理量，并呈现在管理者面前，使他们能够观察、模拟和计算。该技术是智慧工地能够实现三维展现的前提。

（四）3S技术

3S技术是遥感技术（RS）、地理信息系统（GIS）和全球定位系统（GPS）的统称，是空间技术、传感器技术、卫星定位与导航技术和计算机技术、通信技术相结合，多学科高度集成的对空间信息进行采集、处理、管理、分析、表达、传播和应用的现代信息技术，是智慧工地成果的集中展示平台。

（五）虚拟现实技术

虚拟现实（VR）是利用计算机生成一种模拟环境，通过多种传感设备使用户“沉浸”到该环境中，使用户与该环境直接进行自然交互的技术。它能够让应用BIM的设计师以身临其境的感觉，以自然的方式与计算机生成的环境进行交互操作，而体验比现实世界更加丰富的感受。

（六）数字化施工系统

数字化施工系统是指依托建立数字化地理基础平台、地理信息系统、遥感技术、工地现场数据采集系统、工地现场机械引导与控制系统、全球定位系统等基础平台，整合工地信息资源，突破时间、空间的局限，而建立一个开放的信息环境，以使工程建设项目的各参与方更有效地进行实时信息交流，利用BIM模型成果进行数字化施工管理。

（七）物联网

物联网（IOT）是新一代信息技术的重要组成部分，其英文名称是“the Internet of things”。顾名思义，物联网就是物物相连的互联网。这有两层意思：其一，物联网的核心和基础仍然是互联网，是在互联网基础上的延伸和扩展的网络；其二，其用户端延伸和扩展到了任何物品与物品之间，进行信息交换和通信。物联网就是“物物相连的互联网”。物联网通过智能感知、识别技术与普适计算广泛应用于网络的融合中，因此也被称为继计算机、互联网之后世界信息产业发展的第三次浪潮。

（八）云计算技术

云计算是网格计算、分布式计算、并行计算、效用计算、网络存储、虚拟化和负载均衡等计算机技术与网络技术发展融合的产物。它旨在通过网络把多个成本相对较低的计算实体，整合成一个具有强大计算能力的完美系统，并把这些强大的计算能力分布到终端用户手中，是解决BIM大数据传输及处理的最佳技术手段。

（九）信息管理平台技术

信息管理平台技术的主要目的是整合现有管理信息系统，充分利用BIM模型中的数据来进行管理交互，以便让工程建设各参与方都可以在一个统一的平台上协同工作。

（十）数据库技术

BIM技术的应用，将依托能支撑大数据处理的数据库技术为载体，包括对大规模并行处理（MPP）数据库、数据挖掘电网、分布式文件系统、分布式数据库、云计算平台、互联网和可扩展的存储系统等的综合应用。

（十一）网络通信技术

网络通信技术是BIM技术应用的沟通桥梁，是BIM数据流通的通道，构成了整个BIM应用系统的基础网络。可根据实际工程建设情况，利用手机网络、无线Wi-Fi网络、无线电通信等方案，实现工程建设的通信需要。

三、智慧工地的优势

（一）沟通高效化

通过移动办公的实施，可以实现建筑公司与项目部之间，项目部各参建者之间的移动办公、数据记录、文件中转与留存，提高了信息交互的及时性，提高了工作效率，减轻了人员的工作强度，并进一步明确了职责，降低了管理风险。

（二）工地信息化

通过智慧工地项目的实施，可以将施工现场的施工过程、安全管理、人员管理、绿色施工等内容，从传统的定性表达转变为定量表达，实现工地的信息化管理。通过物联网的实施，能将施工现场的塔吊安全、施工升降机安全、现场作业安全、人员安全、人员数量、工地扬尘污染情况等内容进行自动数据采集，危险情况自动反映和自动控制，并对以上内容进行数据记录，为项目管理和工程信息化管理提供数据支撑。

（三）物的不安全状态管理

智慧工地项目中的塔机监控系统、施工升降机监控系统通过自动化物联网系统的实施，能够自动根据设备的工况对现场的超载、超限，特种作业人员作业规范化、设备定期维保等内容进行自动控制和数据上报，实现对物的不安全状态的全过程监控。

深基坑、高支模等自动化监测系统的应用能提前发现各重大危险源的安全状况，能更早地发现安全隐患，提醒项目部在发现安全隐患时做出针对性的技术解决方案，从而规避安全风险，并进一步节约成本，减少浪费。

（四）人的不安全行为管理

人员实名制、VR安全教育、工地进场前的安全教育、无线Wi-Fi的安全教育等内容相结合，可以进一步提高项目部工人的安全意识，提高安全技能，规避安全风险，从而实现对人的不安全行为进行安全管理。

（五）环境的不安全因素管理

智慧监管助手、安全移动巡更系统、工地视频监控系统、人员定位系统、危险区管理系统等内容，可以自动对环境的不安全因素进行实时跟踪，从而可以提前发现安全风险，规避安全事故，减轻安全责任。

四、智慧工地管理系统

“智慧工地管理平台”是以现场实际施工及管理经验为依托，针对工地现场难点，能在工地落地实施的模块化、一体化综合管理平台。为建筑公司、地产公司、监管单位、租赁企业、设备生产厂提供了完整的数据接入和管理服务。具有平台集中化和数据集成化的特点，以实现安全管理的目的。

（一）智慧工地管理平台功能基本要求

1.项目信息管理

主要有项目基本信息管理子系统，实现对工程项目的名称、地址、规模、造价、用途、参建单位、开工时间、竣工时间等信息的录入、查询和编辑功能；并可查询工程勘察设计审查证明文件、招标投标证明文件、合同证明文件、施工许可、绿色施工措施等信息；且具备项目经理、技术负责人、总监理工程师等主要人员信息存档查询功能。

2.人员管理

主要有劳务实名制管理、门禁考勤管理、人员定位跟踪、VR安全教育。

3.特种设备管理

主要有塔吊监控和升降机监控。

4.安全质量管理

主要有视频监控、临边防护、安全隐患排查、质量问题检查、深基坑监测、高边坡监测、高支模监测、大体积混凝土测温、智能实测实量、车辆出入管理。

5.环境管理

主要有扬尘噪声监测、灾害性天气预警。

6.物料管理

主要有地磅称重、棒材计数、入库出库管理。

7.特色应用

主要有施工进度模拟、基建期数字化移交、实景物联监测、无人机巡检。

（二）智慧工地优势

1.实时监管

利用物联网、云计算等先进信息化技术手段，实时掌握施工工地全方位的现场情况，提高数据获取的准确性、及时性、真实性和响应速度，实现施工过程的全面感知、互联互通、智能处理和协同工作。

2.集成管理

通过数据标准和接口的规范，将现场应用的子系统集成到监管平台，创建协同工作环境，搭建立体式管控体系，提高监管效率。

3.辅助决策

通过云计算、大数据技术，记录项目全过程数据，建立企业信息模型，以图形、图表等多种形式，为管理人员提供科学分析、决策和预测，实现智慧化的辅助决策功能，提升企业和项目的科学决策与分析能力。

4.信息溯源

运用智慧工地云平台系统实现完整的项目信息管理，建立智慧工地大数据中心，建立项目知识库，通过移动应用等手段，集劳务、安全、质量、进度、设备、物料、环境与能耗等多种数据于一体，信息完整且便于追溯。

5.行业监督

智慧工地的建设可延伸至行业监管，通过系统和数据的对接，支持智慧工地的行业监管。

当然，在设计智慧工地解决方案时，还应考虑对工地出入口、围墙、特种设备等进行视频监控，对塔吊碰撞、基坑隧道变形、地面沉降等进行告警，以及对现场温度、湿度、噪声、扬尘等进行监测和控制，达到全面安全生产的目的。

第五节　建筑施工事故案例警示

一、某建工公司一般高处坠落事故

（一）事故发生经过

事故发生前，楼盘（一期）项目2号、3号住宅楼主体工程、内墙和外墙装饰工程已经完工，进入塑钢门窗、栏杆安装工序。施工电梯拆除后，遗留在各楼层4号房客厅阳台栏杆外沿的原固定施工电梯的预埋钢管（每层3根，高度200mm左右、直径50mm左右）影响了阳台栏杆的安装，必须拆除。2021年1月16日，架子工刘某明和刘某聪拆除了该楼盘（一期）项目2号楼整栋和3号住宅楼1至9层4号房的客厅阳台预埋钢管。拆除方法：刘某明先用小锤和錾子把预埋钢管砸个孔，随后刘某聪用大锤将预埋钢管敲断。

2021年1月17日8点左右，刘某明和刘某聪沿用前日拆除方式从3号住宅楼第10层开始往上拆除每层4号房客厅阳台预埋钢管；8点50分左右刘某明在拆除第24层4号房客厅阳台左边边缘预埋钢管时，从24层4号房客厅阳台坠落至地面，造成1人死亡（刘某明），直接经济损失约145万元人民币。

（二）原因分析

成都建工雅安公司在拆除楼盘（一期）项目3号住宅楼4号房客厅阳台外沿的原固定施工电梯的预埋钢管时，无防止高处坠落的安全防护措施，且从业人员作业过程中未使用安全带和保险绳，是本次事故发生的直接原因。

经调查，2号、3号住宅楼主体工程、内墙和外墙装饰工程已经完工，进入塑钢门窗、阳台栏杆安装工序。这时外架已拆除，无法架设平网；需要拆除的预埋钢管位于阳台外沿，也是阳台栏杆的安装位置，无法设置临边防护。此时最有效地防止高处坠落的安全防护措施就是从业人员正确使用安全带和保险绳，但刘某明和刘某聪在作业过程中未使用安全带和保险绳。

刘某明和刘某聪采用的预埋钢管拆除方法，在作业过程中从业人员极易失去身体平衡，加之未系安全带和保险绳，高处作业时极易导致发生高处坠落事故，同时这种作业方法也会对建筑物质量造成损伤。

二、某建筑工程有限公司高处坠落事故

（一）事故发生经过

2021年4月14日下午，项目部常务副经理孔×楠安排施工现场负责人朱×国带领工人在电影院巨幕厅进行砌墙作业，朱×国先安排手下的工人向脚手架运输砌墙材料，4月15日开始砌墙作业。

2021年4月15日7时许，朱×国带领的40余名工人分为两组进行作业，其中一组工人在脚手架旁边的平台上向脚手架运输材料，另一组工人在脚手架上进行砌墙作业；同时孔×楠安排3名工人对脚手架进行加固。13时50分许，西、南、北三侧脚手架突然倒塌，8名砌墙工人和2名加固脚手架工人受伤入院进行治疗，当天有3人经简单治疗后直接出院，余下7人中有2人重伤、5人轻伤。

（二）原因分析

施工脚手架搭设未完工，项目部常务副经理孔×楠违章指挥工人进行砌墙作业，这是直接原因。

同时，也存在着：① 该公司未安排技术人员制定规范的脚手架搭设施工方案；未对砌墙工人进行安全教育培训；未为现场工人发放齐全的劳动防护用品；脚手架缺少剪刀撑等固定构件，堆放过量的材料。② 监理公司未审核排查出脚手架施工方案中存在的问题，且签字确认通过了脚手架施工方案；未对

搭设脚手架施工现场进行巡查。③ 常务副经理孔 × 楠在脚手架搭设未完工的情况下安排工人进行砌墙作业；安排非技术人员王 × 制定脚手架搭设施工方案。④ 安全员赵 × 生在脚手架存在未安装剪刀撑、缺少防滑扣等问题的情况下，未制止工人停止作业；未对现场工人进行安全技术交底工作，交代注意事项。这些是事故的间接原因。

思考题

1. 简述建筑工程的分类与特点。

2. 简述安全管理的主要内容和管理程序。

3. 建筑施工安全技术有哪些内容？

4. 简述建筑施工危险源辨识的方法，并以LEC法对高处坠落事故进行评估分析，提出隐患治理措施。

5. 简述建筑施工常见事故风险与防范措施。

6. 简述智慧工地安全管理方法与系统设计的基本要求。

第五章

机械电气工业安全管理

第一节　机械加工工艺

一、概述

制造企业是社会生产的基层单位，应根据市场供销情况以及自身的生产条件，决定自己生产的产品类型和产量，制订生产计划，进行产品设计、制造和装配等，最后输出产品。所有这些生产活动的总和，就是一个具有输入和输出的生产系统，一般通过机加工实现。

机加工是机械加工的简称，是指通过机械精确加工去除材料的加工工艺。机械加工主要有手动加工和数控加工两大类。

手动加工是指通过手工操作铣床、车床、钻床和锯床等机械设备来实现对各种材料的加工。手动加工适合进行小批量、简单的零件生产。

数控加工（CNC）是指运用数控设备来进行加工，这些数控设备包括加工中心、数控车床、电火花、切割设备等。数控加工以连续的方式来加工工件，适合于加工大批量、形状复杂、高精密度的零件。

目前绝大多数的机加工车间都采用数控加工技术。通过编程，把工件在笛卡尔坐标系中的位置坐标（X，Y，Z）转换成程序语言，数控机床的CNC控制器通过识别和解释程序语言来控制数控机床的轴及刀具，自动按要求切削材料，从而得到精加工工件。

更进一步，可采用CAM（计算机辅助制造）系统对数控机床进行自动编程。零件的模型从CAD（计算机辅助设计）系统自动转换到CAM系统，CAM系统可以自动输出CNC代码（通常是指G代码）并把代码输入数控机床的控制器中以进行实际的加工操作，比如说常用的三维软件建模完成后通过Mastercam软件（CAD/CAM软件）进行自动编程。

二、机械加工工艺特点

（一）生产过程和工艺过程

生产过程是指把材料转变为成品的全过程。机械工厂的生产过程一般包括原材料的验收、保管、运输、生产技术准备、毛坯制造、零件加工（含热处理）、产品装配、检验及涂装等。

把生产过程中改变生产对象的形状、尺寸、相对位置和物理、力学性能等，使其成为成品或半成品的过程称为工艺过程。工艺过程可根据其具体工作内容分为铸造、锻造、冲压、焊接、机械加工、热处理、装配等不同的工艺过程。

生产过程和工艺过程的共同特点是：它们都是通过各种劳动形式使原材料或生产对象向着预期的成品（或半成品）转变的动态过程。这个动态过程不仅表现为物质的变化和流动的过程，同时也反映了信息和能量的变化和流动的过程。

（二）工艺系统

把工艺过程看作物质流动、信息流动、能量流动的综合动态过程，是在时间上的一种描述。对于物质流来说，这种物质的流动还必须存在于一定的空间，也就是工艺系统。一般把机械加工中由机床、刀具、夹具和工件组成的相互作用、相互依赖，并具有特定功能的整体，称为机械加工工艺系统，简称为工艺系统。对信息流和能量流来说，也同样以工艺系统为其存在的空间。

三、机械加工过程及其组成

（一）加工工艺过程

机械制造工艺是将各种原材料、半成品加工成机械产品的方法和过程，是机械工业的基础技术之一。机械制造加工工艺流程主要由原材料和能源供应、毛坯和零件成形、零件机械加工、材料改性与处理、装配与包装、搬运与储存、检测与质量监控、自动控制装置与系统八个工艺环节组成。机械制造工艺的内涵可以用图5-1机械制造工艺流程图表示。

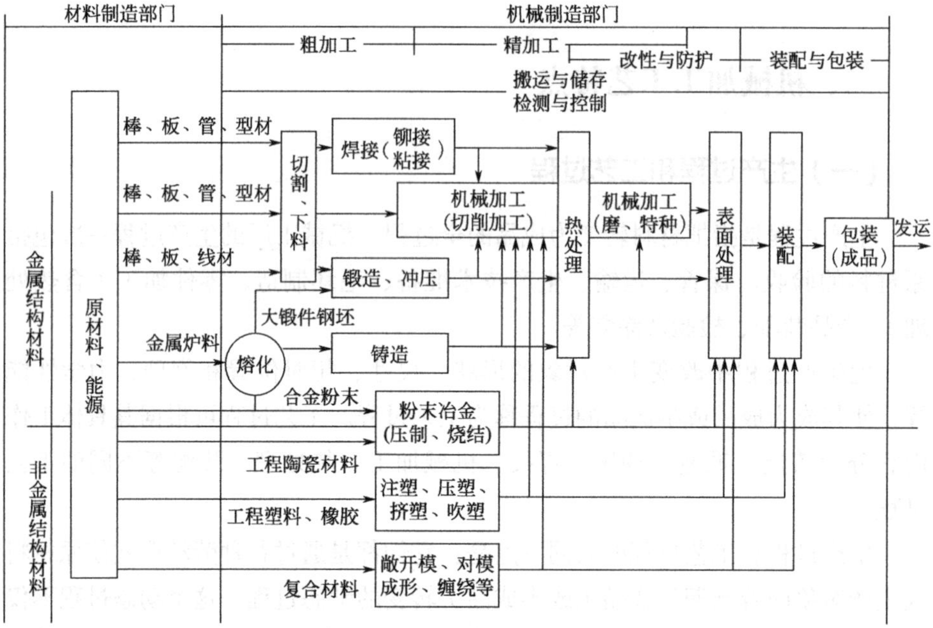

图 5-1　机械制造工艺流程图

按其功能不同，机械制造加工工艺主要分为三类。第一类是直接改变工件的形状、尺寸、性能以及决定零件相互位置关系的加工过程，如毛坯制造、机械加工、热处理、表面处理、装配等，它们直接创造附加价值；第二类是搬运、储存、包装等辅助工艺过程，它们间接创造附加价值；第三类如检测、自动控制等并不独立构成工艺过程，而是通过提高前两类工艺过程的技术水平及质量来发挥作用。

（二）加工工艺组成

机械加工工艺过程是由工序、工步与复合工步、进给、安装、工位等不同层次的单元所组成。

1. 工序

工序指一个（或一组）工人在一个工作地点，对一个（或几个）劳动对象所完成的一切连续活动的总和。当加工对象（工件）更换时，或设备和工作地点改变时，或完成工艺工作的连续性有改变时，则形成另一道工序。这里所谓连续性是指工序内的工作需连续完成。

工序是工艺过程划分的基本单元，也是制订生产计划、组织生产和进行成本核算的基本单元，同时，工序也可以说是机械加工工艺中开展风险分析的基本单元。

2. 工步与复合工步

在加工表面、切削刀具和切削用量（仅指转速和进给量）都不变的情况下，所连续完成的那部分工艺过程，称为一个工艺。

有时为了提高生产效率，经常把几个待加工表面用几把刀具同时进行加工，这也可看作一个工步，称之为复合工步。

3. 进给

在一个工步内，有些表面由于余量太大，或由于其他原因，需用同一把刀具对同一表面进行多次切削。这样，刀具对工件的每一次切削就称为一次进给，如图5-2所示。

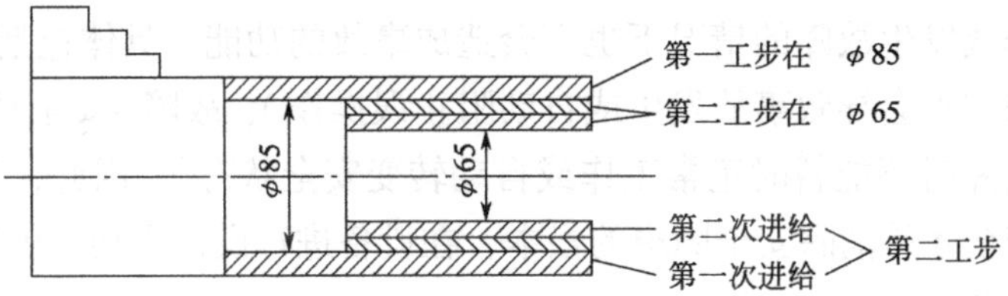

图5-2　以棒料制造阶梯轴

4. 安装

为完成一道或多道加工工序，在加工前对工件进行的定位、夹紧和调整的作业称为安装（又称装夹）。采取一定的方法确定工件在机床上或夹具中占有确定位置的过程称之为定位。在一道工序内，可能只需要一次安装，也可能进行数次安装。

5. 工位

采用转位（或移位）夹具、回转工作台或在多轴机床上加工时，工件在机床上一次装夹后，要经过若干个位置依次进行加工，其相对于刀具或设备的固定部分所占据的一个位置，称为工位，如图5-3所示。

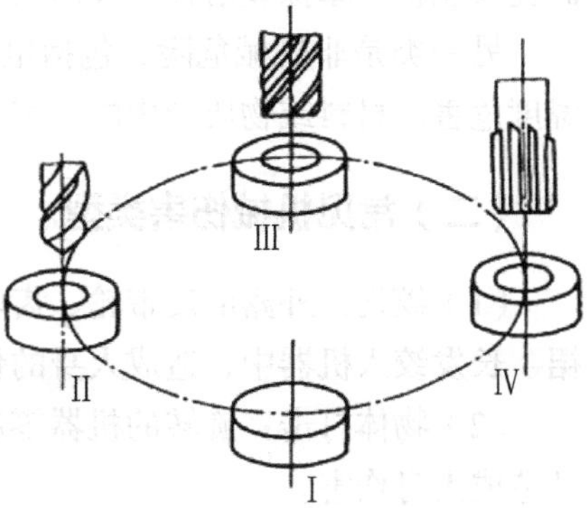

图5-3　多工位加工

越是先进的机械加工工艺过程，工序、工步、进给、安装、工位调整等自动化程度越高（例如数控机床），按编程人员所编程序指令进行自动加工，不需要人的频繁操作，从而减少了操作人员的风险。但仍会由于各种原因有保养、维修、处理故障等人工作业，这类作业人员的固有风险也使综合风险显著提高，可能造成机床伤害事故。

四、机械安全本质化

机械设备本质安全是指机械设备在设计阶段采取措施，消除机械危险，达到安全使用标准，也称为直接安全技术措施。设计者在设计阶段采取措施来消除机械危险，例如避免锐边、尖角和凸出部分，保证足够的安全距离，确定有关物理量的限值，使用本质安全工艺过程和动力源。

本质安全是指通过设计等手段使生产设备或生产系统本身具有安全性，即使在误操作或发生故障的情况下也不会造成事故的功能。具体包括失误–安全功能（误操作不会导致事故发生或自动阻止误操作）、故障–安全功能（设备、工艺发生故障时还能暂时正常工作或自动转变安全状态）。因此，提升机械设备的本质安全才是消除安全隐患的根本，在设备进行设计之初，就应对各种因素进行综合考虑和深入分析。

五、机械制造过程安全风险

（一）机械设备产生的危险

机械设备产生的危险是指在使用机械过程中，可能对人的身心健康造成损伤或危害的根源和状态，它主要有两类。

一类是机械危险，其主要形式有夹挤、碾压、剪切、切割、缠绕或卷入、戳扎或刺伤、摩擦或磨损、飞出物打击、高压流体喷射、碰撞或跌落等。

另一类是非机械危险，包括电气危害、噪声危害、振动危害、辐射危害、温度危害、材料或物质产生的危害、未遵守安全人机学原则而产生的危害等。

（二）常见机械伤害类型

（1）绞伤：外露的皮带轮、齿轮、丝杠直接将衣服、衣袖裤脚、手套、围裙、长发绞入机器中，造成人身的伤害。

（2）物体打击：旋转的机器零部件、卡不牢的零件、击打操作中飞出的工件造成人身伤害。

（3）压伤：冲床、压力机、剪床、锻锤造成的伤害。

（4）砸伤：高处的零部件、吊运的物体掉落造成的伤害。

（5）挤伤：挤压人体或人体的某一部位造成的伤害。

（6）烫伤：高温物体对人体造成的伤害。如铁屑、焊渣、溶液等高温物体对人体的伤害。

（7）刺割伤：锋利物体尖端物体对人体的伤害。一个方面出现非正常的情况，就有可能发生互相冲突而发生事故，使操作者受到伤害。

（三）机械伤害原因

1.机械设备的不安全状态

防护、保险、信号装置缺乏或有缺陷，设备、工具、附件有缺陷，个人防护用品、用具缺少或有缺陷，场地环境有问题。

2.操作者的不安全行为

（1）忽视安全，操作错误；

（2）用手代替工具操作；

（3）使用无安全装置的设备或工具；

（4）违章操作；

（5）不按规定穿戴个人防护用品、使用安全工具；

（6）进入危险区域、部位。

3.管理上的缺陷

设计、制造、安装或维修上存在缺陷或错误，领导不重视安全，在组织管理方面存在缺陷，教育培训不到位，操作者安全意识薄弱。

第二节　机械制造加工安全管理

机械化、自动化及信息化生产已成为工业领域主要的生产方式，这对于减轻劳动强度、提高劳动生产效率、改善劳动环境、降低生产成本等具有非常重要的意义。然而，伴随着机械的大量使用，由于人的不安全行为、机械的不安全状态或恶劣的工作环境，人们在机械作业的过程中时常会发生各种事故，或造成人身伤亡和财产损失。我国一直致力于机械设备本质安全设计、安全防护技术以及安全控制系统的研究，机械安全风险评估的广泛应用对提升机械设备的安全水平起到了重要的作用。

一、机械设备的基本危险因素

在所有安全生产事故中，机械制造业事故数量占相当高的比例。要做到预防事故的发生，首先要分析机械设备有哪些危险因素，才能做到机械设备的基本安全，以实现本质安全的目的。

通常机械设备的危险因素有以下几个方面。

（一）一般机械设备的危险

一般机械设备的危险主要针对设备的相对运动部分，比如静止的机座和传动机构，高速运动的工件和刀具等。如果设备有缺陷、防护装置失效或操作不当，则随时可能造成人身伤亡事故。

（二）传动装置的危险

机械传动分为齿轮传动、链传动和皮带传动。由于部件不符合要求，如机械设计不合理，传动部分和突出的转动部分外露、无防护等，可能把手、衣服绞入其中造成伤害。链传动与皮带传动中，皮带轮容易把工具或人的肢体卷入；当链和皮带断裂时，容易发生接头夹带人体、皮带飞起伤人。

（三）冲（剪）压机械的危险

冲（剪）压机械都具有一定啮合部位，其啮合部位是最危险的。若操作人员违反操作规程，发生人为失误，如进料不准造成原料飞出、模具移位、手进入危险区等，极易发生人身伤害事故。冲床用于金属成型、冲压零部件等，它的危险性在于手工人员将被加工材料送到冲头和模具之间，当冲头落下时，手在危险区域内造成伤害。

（四）切削机床的危险

机床一般指高速旋转的切削机械，也有完成水平或者垂直运动的设备，例如刨床、插床等。金属切削机床的静止部件、旋转部件、内旋转咬合、往复运动或滑块、飞出物等会对作业人员构成危险，操作者需要严格遵守岗位操作规程。

二、机械设备的安全防护

（一）机械传动机构危险的防护

引起这类伤害的是做回转运动的机械部件，具有相互配合的运动副，相对回转运动的辊子夹口引发的带入或卷入，将人的衣物或四肢卷进运转中的咬入点造成伤害事故。如轴类运动零部件（联轴器、主轴、丝杠等）上的突出形状，旋转运动的机械部件的开口部分。传动装置要求遮蔽全部运动部件，以隔绝身体部位与之接触。按防护部分的形状、大小制成的固定式防护装置，安装在传动部分外部，就可以防止人体接触机器转动的危险部位。

（二）冲（剪）压机械危险的防护

剪切与挤压是在机械伤害中最典型的事故，这类伤害是机械设备零部件做横向或垂直的往复直线运动，当人体或人体的某部分进入设备工作区，被夹进两个部件的接触处，导致人受到挤压的伤害。

冲（剪）压设备首先要有良好的离合器和制动器，使其在启动、停止和传动制动上十分可靠。其次要求机器有可靠的安全防护装置，安全防护装置的作用是保护操作者的肢体进入危险区时，离合器不能合上或者压力滑块不能下滑。常用的安全防护装置有安全电钮、双手多人启动电钮、光电式或红外线安全装置等。

（三）金属切削机床危险的防护

金属切削机床的常见风险主要有以下几个方面。

1. 碰撞和冲击风险

物体在重力或其他外力的作用下产生运动，在极短的时间内与人体相互作用产生碰撞，碰撞前后物体的动量及能量发生改变，传递巨大的能量作用于人体。其次，不规则的放置方式，且作业人员又未能准确地判断现场情况，也会导致物件的突然倾倒碰撞挤压人体造成人员伤害。

2. 物件甩出风险

物件加工过程中，发生断裂、松动、脱落或弹性位能等机械能释放，导致物件失控飞甩或反弹对人造成伤害。如车床、铣床等加工设备未按规定进行检测，旋转卡盘易与车刀发生碰撞，车刀碎块飞出伤人。旋转轴遭到破坏而引起装配在其上的带轮、飞轮等运动零部件坠落或飞出，对作业人员造成伤害。

3.切割和擦伤风险

这类伤害是最常见的伤害，主要是指人体某一部分接触到运动或静止机械的尖角、棱角、锐边、粗糙表面等发生的划伤或割伤等机械伤害。

对机床危险的防护，除要求设备有设计合理、安装可靠和不影响操作的防护装置，如防护罩、防护挡板和防护栏；还要求安装保险装置，如超负荷保险装置、行程保险装置、制动装置、防误操作的顺序动作装置等，还要有电源切断开关。生产现场应有足够的照明，每台机床应有适宜的局部照明，并保持一定安全距离。对可能产生大量噪声的机床，应采取降低噪声的措施。

三、机械加工工艺危险源辨识

机械制造加工企业使用量大的是起重设备、金属加工机械设备、焊接设备、探伤设备及叉车和水平运输机械等，涉及的物料大多为金属物料，机械工厂使用的危险化学品数量一般都很少，这就意味着机械工厂易发生的主要危险是起重伤害、机械伤害、触电、电离辐射、车辆伤害、粉尘危害、噪声危害、射线辐射危害等。

（一）机械加工工艺中危险源辨识方法

辨识危险源的方法非常多，而不同的方法实际的目的性以及作用的范围大不相同。常用的危险源辨识方法如下。

1.观察

对现场仔细地进行观察，就能够发现存在的一些危险源。对现场进行观察的人员，一定要有安全技术知识并熟悉安全法规和相关的标准。

2.询问

询问以及沟通对组织的每一项工作都有实践经验的人员，通常情况下都可以找到工作中的危害。而从指出的危害当中，就能够初步地分析工作当中存在的危险源类别。

3.选择系统安全分析方法

根据机械行业的作业特点，选择系统安全分析方法，如对某机械加工公司的压力机采用作业条件危险性分析法（LEC）进行风险辨识。

【示例】要求对某机械加工公司的压力机进行危险源风险辨识。方法如下：

① 步骤一：主要危险和有害因素分析。

压力机是该公司的生产工艺所必需的加工设备，其主要危险、有害因素有：

（1）机械设备运行部件；

（2）模具输送架；

（3）工具、工装、加工工件；

（4）压力机电气部件；

（5）操作过程中的违章作业等；

（6）模具的危险等。

② 步骤二：利用LEC法进行计算。

L=3，压力机出事故有可能，但不经常；

E=6，在车间使用，属于工作时间内显露；

C=7，出现事故时将造成重伤（肢体伤害）。

所以　$D=L\cdot E\cdot C=3\times6\times7=126$

根据表2-4的风险等级划分，判断其为一般风险，C级，黄色。

③ 步骤三：编制压力机风险告知卡。

根据压力机在该公司应用的实际情况，如设备购置时间、维修保养、使用频繁程度以及操作人员安全意识、车间作业环境进行风险辨识，明确风险等级，提出风险管控措施，落实责任人，编制风险告知卡并上墙。见表5-1所示。

表5-1　压力机风险告知卡

企业名称：***公司

<table>
<tr><td>风险点名称</td><td>压力机</td><td rowspan="3">风险
因素
描述</td><td rowspan="3">1.带病运行，安全装置、防护装置及电气线路等失效或出现故障
2.程序错乱造成挤压伤；指示信号错误导致事故
3.未按规定佩戴防护用品，或者防护用品使用不当
4.作业过程中被工具、工件砸伤</td></tr>
<tr><td>风险点编号</td><td>No.：28</td></tr>
<tr><td>风险等级</td><td>一般风险/黄色</td></tr>
</table>

续表

<table>
<tr><td>事故类型</td><td>触电、机械伤害、其他伤害</td><td rowspan="4">风险管控措施</td><td rowspan="4">1. 定期检查遵守操作规程各项规定，培训持证上岗，杜绝违章作业
2. 按规定设置完善的安全、防护装置，定期检查电气线路，定期对设备进行检查、修复
3. 正式作业前须经空转试车，调整、确保制动器工作可靠，并与离合器协调连锁
4. 发现异常应立即采取必要措施，不得带病运转，严禁拆卸和损坏安全装置</td></tr>
<tr><td>责任部门</td><td></td></tr>
<tr><td>责任人</td><td></td></tr>
<tr><td colspan="2">安全标志</td></tr>
<tr><td colspan="2"></td><td>应急处置措施</td><td>1. 立即疏散厂房及周边人群，对事故现场实施隔离和警戒
2. 对受伤人员进行及时抢救，并拨打110/120/119等电话求救
3. 现场发现事故人员立即根据企业制订的《生产安全事故应急救援预案》规定的流程向企业相关管理人员进行事故报告</td></tr>
</table>

（二）机械制造行业安全生产标准化管理

机械制造行业以安全生产标准化管理为手段，企业应开展达标创建工作，规范生产过程管理，能有效预防事故的发生。

首先，安全风险管控的需要。机械制造行业虽然不会发生群死群伤的重特大事故，但发生的事故频率较高，总数量多，这也是安全管理的难点。为保证机械制造加工行业的安全生产，就应该在企业的生产过程中，建立一种以事故预防和风险控制为目的的安全生产标准化管理手段，以规范、科学的方法进行标准化生产，更好地实现安全风险管控，达到预防事故发生的目的。

其次，隐患排查的需要。专业人员应具备相应的技术知识，在生产过程中及时开展隐患排查工作，不断化解事故风险。企业通过建立安全生产责任制，制定安全管理制度和操作规程，有效开展隐患排查和治理工作，及时管控事故风险，以PDCA循环提升安全管理水平，保障生产正常运行。

最后，实现“三达标”的需要。机械制造企业开展安全生产管理标准化管理，通过对车间岗位、作业环境和人员培训等标准化管理，做到企业生产岗位达标、专业达标、企业达标等“三达标”，实现企业的生产安全。

目前，我国的机械制造企业安全生产管理标准化建设，主要以《机械制造企业安全生产标准化规范》（AQ/T 7009—2013）为准。在企业申报达标创建时要核对标准的发布时间和应用范围，引用时以最新颁布的标准为准，并基于以下几个方面进行考虑。

1.基础管理的基本要求

包括目标管理、危险源管理、安全生产责任制、安全生产规章制度或企业标准、安全技术操作规程、机构与人员、职业安全健康培训、建设项目的安全和职业健康“三同时”管理、相关方安全管理、班组安全管理、劳动防护用品管理、应急管理、安全检查、事故管理等14个方面的基本要求。

2.基础设施安全条件的基本要求

包括金属切削机床、冲（剪）压机械、起重机械、电梯、厂内机动车辆（含工程机械）、木工机械（含可发性聚苯乙烯加工机械）、注塑机、工业机器人（含机械手）、装配线（含部件分装线、焊装线）、风动工具、砂轮机、射线探伤设备、自有专用机械设备、锻造机械、铸造机械、铸造熔炼炉、工业炉窑、酸（碱）油槽及电镀槽、职业病防护设施和环保设施、中央空调系统、炊事机械、输送机械、工业梯台、移动平台、锅炉与辅机、压力容器、工业气瓶、空压机（站、水冷却系统）、工业管道、油库及加油站、助燃可燃气体汇流排、制气转供站、涂装作业、危险化学品库、变配电系统、固定电气线路、临时低压电气线路、动力（照明）配电箱（柜、板）、电网接地系统、雷电防护系统、电焊设备、手持电动工具、移动电气设备、电气试验站（台、室）等44个方面的基本要求。

3.作业环境与职业健康的基本要求

包括厂区环境、工业建筑物、车间环境、仓库、作业场所职业性危害因素的管理和监测、职业健康监护、群众监督和告知、职业病管理等8个方面的基本要求。

4.绩效评审

（1）企业应建立并完善安全生产标准化绩效评审制度，每年至少一次对本单位安全生产标准化的实施情况进行自评，验证基础管理、基础设施、作业环境与职业健康等各项工作的符合性和有效性。

（2）自评工作应形成文件，将自评有关结果通报给企业最高管理层和所属单位，并作为绩效评审输入的信息。企业主要负责人应组织每年至少一次对其安全生产标准化系统的绩效情况进行评审，验证安全生产标准化系统的持续适宜性、充分性和有效性。

值得注意的是，机械制造行业的安全生产标准化创建时，应充分考虑各不同类型机械制造加工企业的特点，除常规的机械加工过程所存在的危险外，更应关注使用危险化学品、特种设备、压力容器（管道）、厂内车辆、熔炉、高低压电气线路等设备设施的风险评价与评估要求，以实现全面掌握机械制造企业的安全风险管控，及时排查隐患，做到生产安全。

第三节　电气安全管理

一、概述

电气安全是安全领域中与电气相关的科学技术及管理工程。包括电气安全实践、电气安全教育和电气安全科研。电气安全是以安全为目标，以电气为领域的应用科学。它包括用电安全和电器安全，其基本理论是电磁学理论及安全原理。由于电能应用的广泛性，电气安全也具有广泛性，不论生产领域，还是生活领域，都离不开电，都会遇到各种不同的电气安全问题。电气安全还具有综合性的特点，它不仅与电力工业密切相关，而且与建筑、煤炭、冶金、石油、化工、机械等各行各业都密切相关；再者，电气安全工作既有工程技术的一面，又有组织管理的一面。电气安全涉及生产、传输、分配、使用和电工设备制造等工程领域安全，内容多、范围广。本节重点介绍工业企业用电的安全基本知识和电气安全事故预防方法。

二、电气安全规范

企业的生产离不开电能的使用，机械行业更是如此。机械行业有大量与机械制造相关的电气装置和电动装置，如工业用电变配电系统、电网输送分配装置、车间照明配电箱、固定及移动式电气设备等。电气安全一直是企业安全管理工作中的重点、难点，电气设施管理不当，有可能造成人员触电伤害、电气火灾爆炸等事故。

在用电安全上，企业要依据安全生产法规，如用电安全导则、低压配电设计规范、安全标志及其使用导则、电气装置安装工程接地装置施工及验收规范、机械电气安全等法律法规标准进行生产。具体内容包括人员作业要求、电气设备的选择、电气设备操作规范及运行环境等。如：

（1）从事电气作业的人员应持有国家政府部门颁发的安全技术操作证书才可进行电气作业，非电气人员禁止电气作业。

（2）用于电气作业的工具、绝缘器具等在作业前要进行详细检查，绝缘器具要定期进行绝缘电阻测试。

（3）电气设备的安装、调试、检修、使用必须遵守相关电气操作规程。所有电气设备应可靠接地、禁止超负荷作业，做好运行记录；电气设备的电线连接牢固，裸露接头要进行绝缘处理，防止虚接或短路引起火灾等事故；不得在易燃易爆场所架设临时用电线路，布设在含油易爆炸性气体、粉尘场所的临时用电线路及用电设备应符合防爆要求。各类用电工具、照明的电缆应尽可能悬空架设，高度在2m以上为宜。

（4）电工作业时，必须戴绝缘手套，穿绝缘鞋、干燥衣服等防护用品，使用合格的绝缘工具，严格按照操作规程进行作业；电工作业时，严格执行一人操作，一人监护制度。

（5）电气设备着火，应使用干粉灭火器、二氧化碳灭火器，严禁使用水、泡沫灭火器进行灭火。

（6）有可能发生触电危险的电器设备和线路要张贴警示标志，如配电室、开关等场所，应张贴“当心触电”警示标识。

三、常见电气安全风险辨识

电气事故是电能非正常作用于人体或系统，造成电器损坏、建筑烧毁、人员伤亡等严重后果的事件。机械行业有大量的与机械制造相关的电气装置和电动装置，如工业用电变配电系统、电网输送分配装置、车间照明配电箱、固定及移动式电动设备等。在运行工作中，设备故障、设备老化、维修不及时、作业人员素质不高、操作不规范等，造成机械制造企业存在很多电气安全隐患，容易造成人员伤亡和财产损失事故。

1. 按照电能的形态分类

电气事故可分为触电事故、雷击事故、静电事故、电磁辐射事故和电气装置事故。以触电事故最为常见，都是由于各种类型的电流、电荷、电磁场的能量不适当释放或转移而造成的。

（1）触电事故。人身触及带电体（或过分接近高压带电体）时，电流流过人体而造成的人身伤害事故，触电事故是由电流能量施于人体而造成的。触电分为电击和电伤两种伤害形式，电击触电又分为单相触电、两相触电和跨步电压触电三种，电伤包括电灼伤、皮肤金属化、电烙印、机械伤害、电光眼。

（2）雷击和静电事故。指局部范围内暂时失去平衡的正、负电荷，在一定条件下将电荷的能量释放出来，对人体造成的伤害或引发的其他事故。雷击可摧毁建筑物，伤及人、畜，还可能引起火灾；静电放电的最大威胁是引起火灾或爆炸事故，也可能造成对人体的伤害。

（3）电磁辐射事故。电磁场的能量对人体造成的伤害，即电磁场伤害。在高频电磁场的作用下，人体因吸收辐射能量，各器官会受到不同程度的伤害，从而引起各种疾病。除高频电磁场外，超高压的高强度工频电磁场也会对人体造成一定的伤害。

（4）电气装置事故。电能在传递、分配、转换过程中，失去控制而造成的事故。线路和设备故障不但威胁人身安全，而且也会严重损坏电气设备。

2. 按照电气事故后果分类

电气事故可分为人身触电伤亡事故、电气火灾和爆炸事故等。据统计，85%以上的电气事故是错误操作和违章作业造成的，主要原因是安全教育不够、安全制度不严和安全措施不完善、操作者素质不高等。

（1）人身触电伤亡事故。生产企业中低压系统和低压设备数量多，高、低压电力系统中的触电死亡人数中，低压占80%以上。如便携式设备和移动式设备一般在人的紧握之下运行，接触电阻小，且常移动工作，容易发生触电事故。从行业电气事故来看，冶金、矿业、建筑、机械、化工行业触电事故多。这些行业的生产现场经常伴有潮湿、高温、现场混乱、移动式设备和便携式设备多等不安全因素，导致触电事故发生概率高。

（2）电气火灾和爆炸事故。因电气原因形成火源而引起的火灾和爆炸称为电气火灾和爆炸。电气火灾约占全部火灾事故的20%，造成了巨大的人员伤亡和经济损失。配电线路、电缆、高压或低压开关电器、熔断器、插座、照明器具、电动机、电热器具等发生短路、过载、局部过热、电火花或电弧等故障状态时均可能引起火灾；电容器、变压器、电缆等电气装置除了可能引起火灾外，本身还可能发生爆炸。

由于存在触电的危险，电气火灾和爆炸的扑救更加困难，做好电气防火防爆意义十分重大。

四、电气安全管理方法

电气安全主要包括人身安全与设备安全两个方面。人身安全是指在从事工作和电气设备操作使用过程中人员的安全；设备安全是指电气设备及有关其他设备的安全。为了做好电气安全工作，必须采取包括技术和组织管理等多方面的措施，以防止触电和事故的发生。

1. 电气安全制度管理

建立健全各种安全管理规章制度，制定安全技术标准和安全技术规范，配备管理机构和管理人员，进行安全检查，开展并加强电气安全教育培训，建立安全档案，开展安全评价。

2. 电气工作人员管理

电气工作人员必须持证上岗作业，对电气工作人员定期进行安全技术培训、考核。严禁无证操作或酒后操作。作业严格遵守操作规程；严格遵守有关安全法规、规程和制度，不得违章作业，不私拉电线，及时关闭配电箱。认真做好巡视、检查和消除隐患的工作，并及时、准确地填写工作记录和规定的表格。架设临时线路和进行其他危险作业时，应完备审批手续再进行作业。

3. 防触电安全措施

为了确保人身和设备安全，企业的用电设备和设施应采取防触电措施，包括电气绝缘措施、安全距离、安全载流量、标志措施。

4. 电气防火技术措施

应按场所的危险等级正确选择、安装、使用和维护电气设备及电气电路，按规定正确采用各种保护措施。线路选用上，充分考虑负载容量及合理的过载能力。用电上，禁止过度超载及乱搭电源线。易发生火灾场所应加强防护，配备防火器材。

5.电气防爆技术措施

在易燃易爆气体、粉尘的场所，应该合理地选择防爆电气设备，正确敷设电气线路，保持场所良好的通风。电气防爆技术措施主要有以下几种：采用隔爆型电气设备、增安型电气设备、本质安全型电气设备、正压型电气设备、充油型电气设备、充砂型电气设备、无火花型电气设备、防爆特殊型电气设备；选用适当材质和安装方式的电气线路；安装自动断电保护装置；变电和配电设备有足够的间距和适当的相邻隔离条件；采用正确的接零和接地方式。

第四节　防火和防爆危险场所的电气安全技术

在企业管理过程中，面对众多的具有危险性的场所，安全管理工作的开展与安全技术的运用直接关系着生产的安全性与可靠性。危险场所的电气设备设施须接地和有防静电措施（如防爆开关），否则，运行着的设备或作业人员的不安全行为产生的电能将会引燃或引爆危险气体（物质），大大地增加安全管理的风险，必须予以防范。

一、防火和防爆电气设备的选用

在设计易燃、易爆危险场所的电力系统时，应尽可能地将电气设备，尤其是处于正常运行状态下依然会有火花现象发生的设备，设计安排在非爆炸区域或是危险性较低的环境当中。在运行时表面温度较高的设备应尽量远离易燃、易爆物品。在不影响生产效益与效率的前提下，尽可能少使用或不使用电气设备。电热设备不宜被用于易燃环境，若使用，则必须用隔热、阻燃材料将其隔离。选用的防爆设备必须有安全证书与质量证书。可利用危险场所周围建筑，采用隔墙法等，最大限度控制爆炸区域。

防爆电气设备根据使用环境可被分为：

Ⅰ类，只针对甲烷，通常被用于矿井下；

Ⅱ类，适用于各危险性工厂、场地。防爆电气设备根据结构的不同可被分为：e增安型、p正压型、d隔爆型、n无火花型、o充油型、s特殊防爆型、q充砂型、i本质安全型。

二、电气线路的选择

电气线路选择的要点：

（1）电气线路通常应敷设于建筑物外墙，尽量远离易燃、易爆危险区域；

（2）易爆危险环境禁止使用铝质配线工程，需要采用铜芯绝缘电缆或是导线；

（3）电气线路之间禁止直接连接，需要采用钎焊、熔焊或者是压接的方式进行封端或者连接，避免出现局部过热情况；

（4）采用过渡接头连接电气设备与线路，尤其是连接铝铜时，每一接头处的机械强度必须在导线机械强度的80%以上。

三、设备与线路的安全运行

电气线路与电气设备运行过程中的温度、电压、温升及电流等不得超过安全范围，防止出现过热问题。电气过热主要表现在以下几点：

（1）过载。电气出现过载主要是由选型安装不合理及运行故障引起的，针对这个问题需要重新进行选型，严格按照说明安装，加强过流保护。

（2）短路。出现短路主要是因为绝缘失效和误操作，此时需要合理布线，强化短路保护，并严格按照相关规范流程及步骤进行操作，严禁随意更改或跳过操作步骤。

（3）接触不良。固定接头连接不牢固和活动接头连接松动是导致线路接触不良的主要原因，避免出现这种问题就需要重新焊接接头，确保牢固，或者紧固松动接头，并采取相应地防振动措施。

（4）散热不良。如果电气设备通风散热装置出现故障，必然会引起电气出现散热不良的问题，那么就需要相关人员及时检修通风装置，确保通风顺畅。

（5）漏电。漏电是电气安全运行的常见问题，其原因主要是绝缘体损伤，为此需要及时更换损伤绝缘体，加装漏电保护器。

四、间距与隔离方法

在防火和防爆危险场所应将电气设备采用分室进行隔离安装，并封堵设备室之间的隔墙，以避免易燃、易爆物质进入。在危险场所之外安装正常运行时会产生火花的电气设备以及通过玻璃窗用室外照明设备向室内提供照明等，都属于有效的隔离方式。充油设备总油量超过600kg以上，需在独立的防爆隔墙的间隔内进行安装；总油量在60～600kg，可在装有防爆隔墙的间隔内安装；总油量小于60kg，可在隔板两侧直接安装。禁止在危险场所正下方或正上方设置10kV及以下变、配电室。变电室与相邻各级危险场所之间共用墙不得超过两面。变、配电站与危险场所内的储罐、仓库、各建筑物必须保持足够的防火安全间隔距离，危险场所的火灾危险等级越高，变、配电室与之间距需越大，并在二者之间设立防火墙。插销、照明设备、电焊机、熔断器、电动机、电热设备等需高温或电火花设备应按要求与防火、防爆场所保持安全间距。危险区域内严禁跨越架设10kV及以下的架空线路。线路靠近易燃、易爆危险区域时，其水平距离应保证在柱杆高度的1.5倍以上。

五、通风措施

在防火和防爆危险场所，通风情况是否良好顺畅对电气安全起着至关重要的作用。通风性能良好能够有效加快易燃、易爆物的扩散，起到降低浓度含量的效果，同时良好的通风环境也有利于一些高温电气设备的降温，避免出现过度发热问题。危险场所的通风系统应尽量多使用不可燃烧材料，确保系统结构坚实牢靠以及各连接构件的紧密。合理设计通风系统，避免系统内出现影响通风效果的死角或阻挡。通风系统应与电气设备进行联锁，设备在启动前必须先确保通风顺畅，且通风量大于设备容积的5倍以上，才允许接通电源运行。防止通风系统及电气设备进入的气体含有易燃、易爆物质或是有毒物质。

六、接地要求

防火和防爆危险场所的接地要求与标准要高于一般场所。通常来讲，除特殊生产场所，防火和防爆危险场所的接地应遵循以下原则与要求：

（1）在地面导电性较差的环境下，正常运行状态下不带电的金属外壳电气设备，且直流额定电压与交流额定电压分别在440V与380V以下，应接地；

（2）在干燥场所，正常运行状态下不带电的金属外壳电气设备，且直流额定电压与交流额定电压分别在110V与127V以下，应接地；

（3）电气设备在已接地的金属结构安装时也需接地；

（4）金属构架被用于铠装电缆敷设时需接地；

（5）处于防火和防爆危险场地内的电气设备，若有金属外壳都需接地；

（6）为确保接地的安全性与可靠性，在防火和防爆区域内的接地干线应向不同方向，并确保与接地体相连不少于两处；

（7）在防火和防爆危险场所，可采用保护接零设备，减少发生短路故障时故障持续时间，提升安全性与可靠性。

七、电气灭火方法

电气设备发生起火时，必须第一时间将电源切断。但在实际发生火灾事故时，由于时间紧迫，且要避免火势蔓延，就需要进行带电状态下的灭火。此外，火势不大无需断电，或是因特殊生产要求不允许断电等情况下，也要进行带电状态下的灭火。带电灭火的注意事项包括：

（1）根据具体的火势及现场环境，选择适当的灭火器材；

（2）若使用水枪灭火，最好采用配雾式；

（3）灭火人员必须与带电设备或导电体保持安全距离；

（4）架空线路发生起火时，在灭火过程中，灭火人员应注意保持与带电体之间的仰角小于45°。充油设备使用的油品，其燃点通常较低，易燃性较高。若起火发生在设备外部，可带电灭火，并使用干粉、二氧化碳灭火器。若火势蔓延，则应先将电源切断。若是油箱起火或是油箱破裂，在切断电源的同时，第一时间将油引进事故储油坑中，并用泡沫灭火器扑灭油面明火。

八、电工安全用具选择

电工安全用具是为了防止工作人员触电、灼伤及从高处摔跌等，保护人身安全的。安全用具分为一般安全用具、电气安全用具两大类。

1.一般安全用具

一般安全用具包括：安全带、安全帽、安全照明灯具、护目眼镜和标示牌等。

2.电气安全用具

电气安全用具分为基本安全用具、辅助安全用具两大类。

（1）基本安全用具的绝缘强度大，能长时间承受电气设备工作电压。基本安全用具有：绝缘杆、绝缘夹钳、高压验电器、低压验电笔、绝缘挡板和防护镜等。

（2）辅助安全用具的绝缘强度低，不能承受电气设备的工作电压，只是用于加强基本安全用具的保安作用，能防止跨步电压伤害和电弧灼伤。

有些安全用具在操作高压设备时是辅助安全用具，但在其他场合可能是基本安全用具。

辅助安全用具有：绝缘台、绝缘手套、绝缘靴（鞋）、绝缘垫和绝缘绳等。

第五节　机械电气事故案例警示

一、机械伤害事故案例警示

（一）违章作业引发装置失效事故

2000年某纺织厂职工朱某与同事一起操作滚筒烘干机进行烘干作业，朱某在向烘干机放料时，被旋转的联轴节挂住裤脚口摔倒在地，腿部严重擦伤。引起该事故的主要原因就是烘干机马达和传动装置的防护罩在上一班检修作业后没有及时罩上。2001年的四川某木器厂，木工李某用平板刨床加工木板，因这台刨床的刨刀没有安全防护装置，李某工作时右手脱离木板导致其四个手指被刨断。

以上事故都是由人的不安全行为（违章作业）、机械的不安全状态（失去了应有的安全防护装置）和安全管理不到位等因素共同作用造成的，同时也暴露出从业人员安全意识不强。

（二）检修操作不规范事故

2008年2月，某化工厂电仪车间维修仪表工张某和李某，接受检查维修成品车间高炉炉顶超压放散阀任务后，2人立即带上工具，赶到检修现场。当班操作工杨某与赵某将控制系统由自动改为手动，并进行了自动阀开关阀门、手动阀开关阀门试验。试验完成后，确定了故障检修点，张某与杨某口头约定不再启动自动阀门。此时，张某开始检修，李某负责监护。23时15分，高炉原料罐已装好原料向炉内放料开车，操作工杨某由手动改为自动，将自动放散阀自动关闭，致使液压缸推杆下移，将正在检修该阀门的张某的左手手指截断4根。

电仪车间仪表工张某严重违反设备安全检修规程。检修作业不办证，也不挂“禁止启动”警示牌，只是与操作人员口头协议交代了事。操作人员接到开车指令一时疏忽操作失误，致使张某手指受到伤害，是此次事故发生的主要原因。同时检修作业监护人没有尽职尽责，违章作业、违章操作没有及时制止，没有起到一个监护人的作用，是发生此次事故的重要原因。

（三）大庆某腈纶厂机械伤害事故

2012年12月，某车间打包岗位的邢某、吴某、王某等3人启动H1801B打包机进行打包作业，启动打包机过程中，排料门发生堵塞，机器出现故障报警。班长刘某赶到现场指挥处理故障，故障排除后，班长刘某在操作盘上进行开机操作，邢某站在监视窗前方的叉车上观察，被升起的预压头带入打包机内，最终邢某因伤势过重，抢救无效当日死亡。

现场作业人员安全意识淡薄，未按照腈纶厂打包机装置操作规程清理堵塞物，在未确认可靠停机的状态下，盲目冒险将身体探入监视窗内执行清理作业，被突然动作的预压头带入打包机内造成胸腹部复合损伤，送医院抢救无效死亡，是造成这起事故的直接原因。

（四）全自动丝网印刷机挤压事故

2021年8月，某公司程某操作7号全自动丝网印刷机进行生产作业，使用胶带封堵网板上漏料的小孔，将头部与手部伸入网板与工作台面之间进行作业，网板托架突然下降，将其颈部挤压在网板托架和工作台面之间。最终程某经医院抢救无效死亡，造成直接经济损失约107万元。

该起事故的直接原因是程某安全意识淡薄，将头部伸入网板托架与工作台面之间进行作业，误碰网板托架按钮，网板托架下降后将其挤压死亡。同时也暴露出公司未按规定对员工进行安全教育培训，未消除全自动丝网印刷机作业时存在的事故隐患，现场安全管理不足、事故隐患排查不到位等生产问题。

二、电气事故案例警示

（一）上海某建筑工程有限公司触电一般事故

1.事故发生经过

2020年9月1日上午6时30分许，上海某建设工程有限公司徐×林、徐×民来到泥浆分离机处开始干活，继续安装调试泥浆分离机，徐×林在泥浆分离机二层平台上更换过滤布，徐×民在地面上做辅助工作，工地上一名电工跟二人说“可以接电了”，徐×民就去了泥浆分离机车头处接电，徐×林还未换完第一块过滤布时，听到现场有人呼救，徐×林立即去泥浆分离机车头处查看，发现徐×民头北脚南仰面躺在地上，人在抽搐。造成1人死亡的触电事故。

2.原因分析

（1）徐×民无电工特种作业操作证，安全意识缺乏，在未确认电源是否切断，未采取相应的安全保护措施的情况下对泥浆分离机配电箱进行接电，是导致事故发生的直接原因。

（2）该公司未严格落实安全生产责任制；未严格执行用电作业安全规范，未对作业人员资格进行审核，使用无证人员进行接电作业；制定的《泥浆分离机安全操作规范》不详细；对作业人员安全教育培训缺失，未能保证作业人员具备必要的安全生产知识；对作业现场安全管理缺失，未能及时发现并消除事故隐患，是事故发生的间接原因之一。

（3）该公司对设备出租单位的安全生产工作督促不够；未对设备出租单位作业人员进行特种作业资格审核；未制定对设备出租单位的安全管理制度；对设备出租单位施工作业人员安全生产教育培训及安全技术交底针对性不强，未能保证作业人员具备必要的安全生产知识，是事故发生的间接原因之二。

（二）哈尔滨某食品加工厂较大火灾事故

1.事故发生经过

2021年6月27日15时05分许，哈尔滨市南岗区九×肉食品加工厂在建冷库东墙，违章喷涂聚氨酯发泡材料包裹的铠装电缆，电缆短路形成高温电弧，击穿电缆保护层，引燃周围聚氨酯发泡材料并蔓延成灾。起火点为一层在建冷库东墙北侧，距地面2.5～2.7m，距北墙2～4.9m范围内，有毒烟气从一层与二层之间的货物升降梯扩大蔓延至二层缓化间、更鞋间，在楼内有26人，其中二楼从事作业人员18人，4名工人吸入有毒烟气死亡、1名工人受伤，引燃北侧相邻居民楼二层，导致1人受伤。

2.原因分析

该食品加工厂在建冷库东墙时违章喷涂聚氨酯发泡材料包裹的铠装电缆，电缆内部短路形成高温电弧，击穿电缆保护层，引燃周围聚氨酯发泡材料并蔓延成灾。

同时存在以下几个问题。一是电气线路敷设极不规范，入户总闸的进户线从相反方向接入，一层冷库内的电缆未采取电缆桥架保护等保温密闭措施，被墙壁上喷涂的聚氨酯泡沫覆盖。二是一层与二层之间的货物升降梯未采取防火分隔措施，二层缓化间、更鞋间疏散门封闭且被货架遮挡无法通行，厂房二层车间未设置无机械排烟，自然排烟窗全部封闭无法开启，厂房未设置火灾应急照明灯、疏散指示标志等消防疏散设施。三是单位消防安全主体责任不落实，未进行过消防安全管理和检查，未组织过消防安全演练和消防安全培训。四是该自建厂房为农村自建房、砖混结构，是典型的集生产、储存、住宿、办公“多合一”场所，与相邻建筑防火间距不足。

思考题

1. 简述机械加工的工艺特点与安全本质化要求。
2. 机械设备的基本危险因素有哪些？
3. 机械安全标准化评审有哪些基本要素？
4. 什么是电气事故？简述电气安全风险辨识方法。
5. 在企业生产过程中，如何预防电气安全事故？

第六章 冶金工业安全管理

第一节 概 述

冶金是从矿石中提取金属或金属化合物，用各种加工方法制成具有一定性能的金属材料的过程和工艺。从石器时代到随后的青铜器时代，再到近代钢铁冶炼的大规模发展，人类发展的历史就融合了冶金的发展。

冶金工业包括采矿、选矿、冶炼、加工。由于社会对金属的需求是多方面的，因此必须开采和冶炼多种金属及其合金。冶金工业分为黑色冶金和有色冶金两大类，不论是哪一类，生产工艺有共同的特点：第一是高温连续生产；第二是矿石品位低，消耗量大；第三是原料共生元素多，要综合利用；第四是要按顺序进行流程式加工。

冶金行业基本属于流程型行业，工艺环节多、连续性强，生产包含复杂的物理和化学过程，存在各种突变和不确定因素，原燃料成分和生产技术条件经常波动，生产中伴随着高温灼烫、起重伤害、煤粉爆炸、中毒窒息、高温辐射等事故风险。为确保生产稳定安全运行，需要根据物料、能量、质量要求制定最优的生产作业计划并进行动态的调度，达到动态监控监管的目的。同时，由于冶金企业的设备种类多、单位价值高，需要进行定期的设备大中修和经常性的设备保养以及点检定修、过程控制等要求，良好的设备管理和生产过程安全控制，对于确保生产稳定运行和安全生产具有重要意义。

本章主要介绍钢铁生产工艺及风险管理。

第二节 钢铁生产工艺

一、钢铁生产工艺流程

钢铁生产过程包括从矿石原料的冶炼至生产出钢材的各个工艺生产环节，

大体可分为炼铁生产过程、炼钢生产过程和轧钢生产过程。这种生产过程称为钢铁联合生产过程，用这种过程生产钢材的企业称为钢铁联合企业。钢铁生产工艺流程见图6-1。

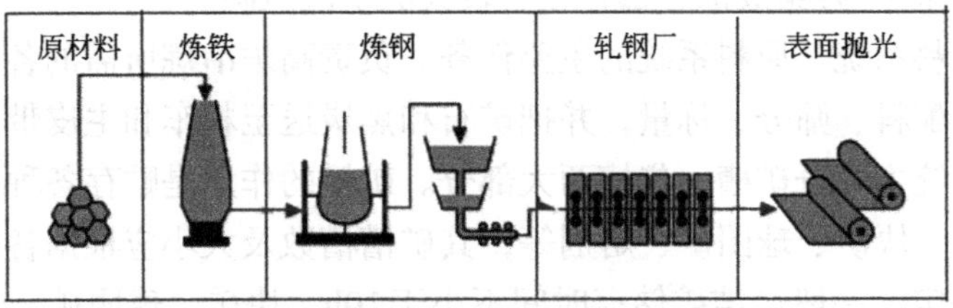

图6-1　钢铁生产工艺流程示意图

钢铁联合生产过程，除了上述三个主要过程外，还有原料处理、炼焦、煤气、蒸汽、电力、水、运输等辅助过程。在我国某些联合企业中，还把矿山开采、选矿山开采、选矿等工序也包括在内。

（一）炼铁工艺

1. 高炉炼铁

现代钢铁联合企业的炼铁生产工艺，是由高炉、烧结机和炼焦炉为主体设备构成的。其核心是高炉，其中包括热风炉和鼓风等辅助设备。这些设备在生产生铁的同时，还产生大量的煤气和其他副产品，可以在能源、化工原料、建筑材料等部门得到广泛的综合利用。由于高炉炼铁技术经济指标好，工艺简单，产量大，效率高，能耗低，这种方法生产的铁占世界铁总产量的95%以上。其生产工艺流程示意图如图6-2所示。

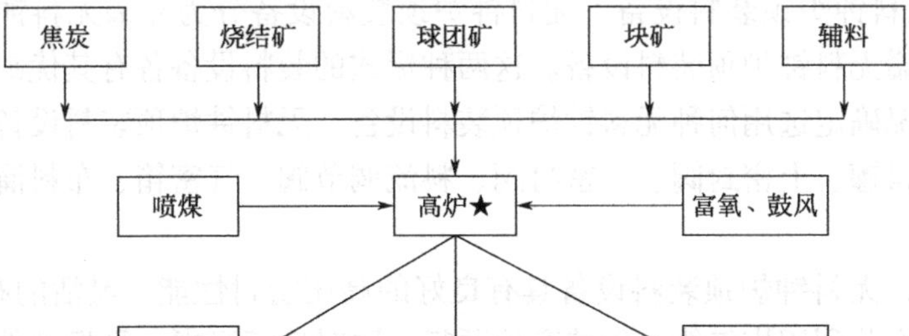

图6-2　高炉炼铁生产工艺示意图

从生产工艺角度分析，高炉炼铁工艺的系统组成包括原料系统、上料系统、炉顶装料设备、炉体系统、粗煤气系统、风口平台及出铁场系统、渣处理系统、热风炉系统、煤粉制备及喷吹系统、辅助系统（铸铁机室及铁水罐修理库和碾泥机室），各组成部分都存在着较大的事故风险。

（1）原料系统。原料系统的主要任务。负责高炉冶炼所需的各种矿石及焦炭的贮存、配料、筛分、称量，并把矿石和焦炭送至料车和主皮带。

原料系统主要分矿槽、焦槽两大部分。矿槽的作用是贮存各种矿石，主要包括烧结矿、块矿、球团矿、熔剂等，其矿槽槽数及大小应根据各矿种配比及贮存时间确定，一般烧结矿储存时间不小于10h，块矿、球团矿、熔剂等贮存时间相对更长一些。贮焦槽的作用是贮存焦炭，其槽数及大小根据焦比和贮存时间确定，一般焦炭贮存时间在8 ～ 12h。

（2）上料系统。上料系统的作用是把贮存在矿槽和焦槽中的各种原料、燃料运至高炉炉顶装料设备中。高炉的上料方式主要有斜桥料车上料和胶带运输机上料两种。

① 斜桥料车上料方式。分单料车上料和双料车上料两种，单料车上料只适用于小高炉使用，已逐步趋于淘汰。300m^3以上高炉以采用双料车上料为主。

② 胶带运输机上料工艺。新建大中型高炉多采用胶带运输机上料工艺。

（3）炉顶装料设备。炉顶装料设备的作用是根据高炉的炉况把炉料合理地分布在高炉内恰当的位置。炉顶装料设备的类型有钟式炉顶装料设备和无料钟炉顶装料设备两大类。大多数750m^3以下的小型高炉使用钟式炉顶装料设备，大多数750m^3以上的大中型高炉使用无料钟炉顶装料设备。

① 钟式炉顶装料设备。钟式炉顶装料设备主要有大、小料钟和大、小料斗及大、小料钟卷扬机及布料器等。

② 无料钟炉顶装料设备。无料钟炉顶装料设备分为并罐无料钟炉顶装料设备和串罐无料钟炉顶装料设备。这两种形式的装料设备各有其优缺点，应根据具体情况确定选用何种无料钟炉顶装料设备。无料钟炉顶装料设备主要有上料罐、下料罐、上密封阀、下密封阀、料流调节阀、气密箱、布料溜槽、均压设备等。

可见，无料钟炉顶装料设备具有良好的高压密封性能，灵活的布料手段，能使高炉充分利用煤气能，保持高炉顺行；同时运行可靠，易损部件少，检修方便快捷，因此，无料钟炉顶装料设备在现代高炉得到了越来越普遍的应用。

（4）炉体系统。炉体系统是整个高炉炼铁系统的心脏部位，其他所有系统最终都是为炉体系统服务的。高炉炼铁几乎所有的化学反应都在炉体完成，炉体系统的好坏直接决定了整个高炉炼铁系统的成功与否。高炉一代炉役寿命实际上就是炉体系统的一代寿命，所以说炉体系统是整个高炉炼铁最为重要的系统。

炉体系统除了最为重要的炉型外，还包括炉壳、内衬、冷却元件、冷却介质、外部管网以及风口、送风支管等附属设备。

（5）粗煤气系统。粗煤气系统由煤气导出管、上升管、下降管、放散阀、除尘器、排灰及清灰加湿装置等组成。高炉产生的高炉煤气含有大量灰尘，必须把高炉煤气中的灰尘除去后方可使用。

① 设置粗煤气系统，对粗煤气进行粗除尘，经粗除尘后的高炉煤气成半净煤气；半净煤气通过煤气管进入煤气净化系统中进行精除尘，成为净化煤气。净化煤气通过净化煤气管进入各用户。

② 除尘器排出的高炉煤气灰由火车、汽车运往烧结工序作烧结原料。

③ 上升管、下降管有3种结构形式：双“辫”式、单“辫”式、单“辫”球式。

④ 粗煤气系统的除尘器目前主要有两种形式：重力除尘器和旋风除尘器。

（6）风口平台及出铁场系统。风口平台的作用在于提供更换风口、观察炉况和检修的场所。风口平台一般为钢结构，也可以是混凝土结构或钢结构与混凝土结构的组合。风口平台面层一般敷设一层耐火砖，平台与炉壳之间的间隙用钢盖板盖住。而出铁场的作用在于处理高炉产生的铁水和炉渣。

（7）渣处理系统。渣处理系统的作用在于把高炉产生的液态炉渣制成干渣和水渣。干渣一般用作建筑骨料，有的干渣还有一些特殊用途。水渣可出售给水泥厂作生产水泥的原料。

（8）热风炉系统。热风炉是把鼓风机送出的冷风，加热成高风温的热风后送入高炉，可节省大量焦炭。因此，热风炉是炼铁工序中的一个重要的节能降耗、降低成本的有效设施。热风炉使用燃料是以高炉煤气为主，可掺焦炉煤气、转炉煤气和天然气提高煤气的发热值。热风炉本体主要由燃烧室、蓄热室和炉顶等部分组成。按照燃烧室、蓄热室设置方式的不同，热风炉有外燃式、内燃式和顶燃式。

（9）煤粉制备及喷吹系统。煤粉制备是把煤块磨成细粉并且烘干煤中的水分，把干燥的煤粉输送至高炉风口处，然后，从高炉风口喷入高炉内，代替部分焦炭。高炉喷煤是以煤代焦、节约焦炭资源、降低生铁的生产成本、减少环境污染的一项重要措施。

（10）辅助系统。① 铸铁机室，为处理高炉点火开炉初期生产的不适宜炼钢的铁水及炼钢工序定期检修时生产的铁水，采用铸铁与用铁水罐作为临时储存工具的作业区域。根据所需铸铁量，在铸铁机室内设置若干铸铁机，此外，还要设置倾翻卷扬机和吊车等设备。② 碾泥机室，现代大型高炉炉顶压力高，高炉出铁后需用高质量无水炮泥来堵铁口。此外，高炉休风时堵风口用的堵口泥、修补渣铁沟用的泥料和铁口套泥等，均需由碾泥机室生产出来。碾泥机室内设有贮料、称量、配料设备，并设置若干台碾泥机和一台成型机，各种泥料碾制出后，由成型机成型并打包，送往高炉出铁场。

2. 非高炉炼铁

非高炉炼铁是指不采用高炉而将铁矿石直接还原成铁或钢的方法。高炉冶炼中，铁水含碳量达到饱和，所以必须经氧气吹炼，进行氧化、脱碳，脱氧后成为成品钢液。直接还原炼铁法与早期炼铁法基本相同，在较低温度下还原成铁。这种铁保留了失氧时形成的大量微小气孔，形似海绵，所以称海绵铁。熔融还原法则是将铁矿石的还原与熔化分两步进行，最后得到铁水的新工艺。

（二）炼钢工艺

炼钢生产工艺的主要目的是把来自高炉的铁水配以适量的废钢，在炼钢炉内通过氧化、脱碳及造渣过程，降低有害元素，冶炼出符合要求的钢水。目前炼钢的方法主要有三种，即平炉炼钢法、氧气转炉炼钢法、电弧炉炼钢法，其中氧气顶吹转炉和电炉炼钢发展得较快，特别是纯氧顶吹转炉炼钢法，由于在生产率、产品质量、成本等方面的优越性，被人们广泛采用。采用这种炼钢工艺主要包括三个过程，即原料预处理过程、吹炼过程、铸锭或连铸过程。

1. 平炉炼钢

平炉炼钢时，经过下层蓄热室预热的空气和煤气被送入上层熔池，在铁水表面吹拂、燃烧，能够比较完全地将铁水中的碳和其他杂质氧化，得到优质的钢。虽然平炉冶炼的时间比较长（一般为24h），但熔池很大，一炉便可炼百吨钢水，产量较高。而且不限于生铁，废钢、铁屑、熟铁、铁矿石均可，炼出的钢质量稳定、均匀。

2. 氧气转炉炼钢

氧气炼钢法分为氧气斜吹转炉炼钢法、卧式转炉双管吹氧法、纯氧顶吹转炉炼钢法等。下面主要介绍顶吹转炉工艺技术。

（1）转炉主体设备。转炉主体设备是实现炼钢工艺的主要设备，它由炉体、炉体支撑装置和炉体倾动机构等组成。

（2）供氧系统设备。炼钢时用氧量极大，要求供氧及时、氧压稳定、安全可靠。供氧系统由输氧管道、阀门和吹氧管装置等设备组成。

3. 电弧炉炼钢

电弧炉根据炉衬性质不同，分为酸性炉和碱性炉，酸性电弧炉因对炉料要求很严格，一般只有少数机械厂采用。所以，所谓电弧炉炼钢，通常是指碱性电弧炉炼钢。它是以电能作为热源，靠电极与炉料间放电产生电弧，用电弧的热量来熔化炉料并进行必要的精炼，冶炼出所需钢和合金的炼钢方法。

二、轧钢生产工艺

轧钢是把符合要求的钢锭或连铸坯按照规定尺寸和形状加工成钢材的工艺过程。轧制是利用塑性变形的原理将钢锭或连铸坯放到两个相向旋转的轧辊之间进行加工。轧钢工艺比较复杂，每个联合企业由于生产的最终产品不同而设置不同的轧钢工艺。大体上可分为初轧、厚轧、条钢、热轧、冷轧和钢管轧制等。其中条钢又包括钢轨、各种型钢、棒钢、线材等多种产品。

尽管随着轧制产品质量要求的提高、品种范围的扩大以及新技术、新设备的应用，组成工艺过程的各个工序会有相应的变化，但是整个轧钢生产工艺过程总是由以下几个基本工序组成的。

（1）坯料准备：包括表面缺陷的清理，表面氧化铁皮的去除和坯料的预先热处理等。

（2）坯料加热：是热轧生产工艺过程中的重要工序。

（3）钢的轧制：是整个轧钢生产工艺过程的核心。坯料通过轧制完成变形过程。轧制工序对产品的质量起着决定性作用。

（4）精整：是轧钢生产工艺过程中的最后一个工序，也是比较复杂的一个工序。它对产品的质量起着最终的保证作用。产品的技术要求不同，精整工序的内容也大不相同。精整工序通常又包括钢材的切断或卷曲、轧后冷却、矫直、成品热处理、成品表面清理和各种涂色等许多具体工序。

第三节　冶金工业危险源辨识与风险管理

一、冶金工业常见危险源辨识

冶金工业工艺复杂、劳动强度大、操作环境差，在这样的条件下导致的风险主要有高温灼烫事故、起重伤害事故、煤粉爆炸事故、中毒窒息事故、高温辐射伤害等。

（一）高温灼烫事故

冶金行业在生产过程中存在许多高温物质，如果容纳这些高温物质的容器由于裂缝、固定不牢、误操作等原因失效，就会导致高温物质失去控制，对人体造成伤害。

（二）起重伤害事故

冶金工业中使用到较多行车，如阳极炉车间、维修车间、仓库等，行车在运行过程中，可能会因钢丝绳断裂或起吊物坠落以及挤压、触电等造成伤害。

（三）煤粉爆炸事故

在密闭生产设备中发生的煤粉爆炸事故可能发展成为系统爆炸，摧毁整个烟煤喷吹系统，甚至危及高炉；抛射到密闭生产设备以外的煤粉可能导致二次粉尘爆炸和次生火灾，扩大事故危害。

（四）中毒窒息事故

冶金生产是金属材料冶炼以及化学产品回收、加工的复杂过程，其生产过程会产生多种有毒有害的气体和物质，具有强烈的神经刺激作用。

（五）高温辐射伤害

高温辐射主要集中在冶金高热炉区岗位和一些散热设备较多的岗位，由于在炉区作业，因此冶金高热炉区各岗位工作温度普遍较高。

二、冶金企业风险分级管控

（一）风险点确定

遵循大小适中、便于分类、功能独立、易于管理、范围清晰的原则，企业应根据生产工艺流程或生产组织功能，把炼铁、炼钢、轧钢生产及其附属生产单元划分为若干个相对独立的单元；结合设备设施布局、区域职能特点及设施、部位、场所和区域伴随风险的作业活动，确定风险点，建立风险点台账。冶金企业主要风险点如表6-1所示。

表6-1　冶金企业主要风险点

序号	单元		主要风险点	备注
1	烧结	配料	原料场、燃料破碎、熔剂、配料工房、除尘器装置区	
		混料	混合室、造球室、制粒室	
		烧结	主机装置区、中控室、除尘器装置区	
		成品	环冷机装置区（水封拉链机装置区）、筛分室、成品区、脱硫装置区	
		运转	鼓风机房、水泵房	
2	球团	配料	精矿库、配料工房、除尘器装置区	
		混合造球	烘干机装置区、造球室	
		焙烧	竖炉、煤气加压站、中控室	
		成品	带冷机装置区、链板机装置区、筛分站、脱硫装置区	
		运转	鼓风机房、水泵房、软化水站	
3	炼铁	供料	焦炭场、原料场、槽上供料工房、高炉槽下装置区、卷扬机房	
		高炉	高炉装置区、出铁场、控制室	
		供风、供水	热风炉装置区、鼓风机房、BPRT[①]装置区、水泵房	
		煤气净化	煤气净化除尘器装置区、TRT[②]装置区	
		渣铁处理	铸铁机装置区、砌筑罐工房、水渣池、渣场、冲渣泵房	
		喷煤	制粉喷煤工房、煤场、输煤装置区	
4	炼钢	原料	合金准备、料仓、供料工房、废钢区	
		转炉	混铁炉装置区、转炉装置区、炉渣间、渣处理厂	
		电炉	料仓区、准备区、冶炼区	
		连铸	钢包回转台、中包区、结晶器装置区、二冷装置区、拉矫区、切割区、铸坯精整区	
		运转	鼓风机房、水泵房、除尘器装置区、污水处理站	

续表

序号	单元		主要风险点	备注
5	轧钢	加热炉	加热炉区域、钢坯出入装置区	
		轧机	轧机装置区（型材、管材、线材、带材、中厚板）、控制室	
		精整	冷床装置区、冷剪装置区、钢筋剪切区、包装打牌区、堆垛区、装配区、性能试验区	
6	动力	制氧	空压机房、空分装置区、氮气储存区、氧气储存区、控制室	
		锅炉	锅炉房、余压锅炉发电装置区、控制室	
		气柜	煤气气柜区、煤气加压站、控制室	
		供水	蓄水池、水泵站、污水站、旋流井	
		电仪	变电站、配电室	
		工业管道	动力管道	
7	辅助		维修工房、化验室	
8	其他		厂区道路、办公区、生活区	

① BPRT为煤气透平与电机同轴驱动的高炉鼓风能量回收成套机组。
② TRT为高炉煤气余压透平发电装置。

（二）危险源及事故类型

危险源辨识应查找企业生产经营过程中产生能量的能量源或拥有能量的能量载体、危险有害因素存在的部位、存在方式，确定可能发生的事故后果及事故类型。重点应考虑能量的种类和危险物质的危险性质、能量或危险物质的能量、能量或危险物质意外释放的强度、意外释放的能量或危险物质的影响范围。

危险源辨识应依据《生产过程危害和有害因素分类与代码》（GB/T 13861）的规定，对潜在的人、物、环境、管理等危害因素进行辨识。

1. 作业活动

企业宜采用工作危害分析法（JHA）、作业条件危险性分析法（LEC）、风险矩阵分析法（LS）辨识各岗位作业活动危险有害因素。

企业应按照岗位作业活动（工作步骤）逐一进行辨识。作业活动包括：

（1）正常操作：工艺操作、设备设施操作、现场巡检。

（2）异常情况处理：停水、停电、停气（汽）、停风、停止进料的处理，设备故障处理。

（3）开停机（车）：开机（车）、停机（车）及交付前的安全条件确认。

（4）危险作业：动火、受限空间、高处、临时用电、动土、断路、吊装、盲板抽堵等特殊作业。

（5）管理活动：变更管理、现场监督检查、应急演练等。

企业应依据岗位配置建立作业活动清单，包括常规活动、非常规活动。冶金企业主要岗位（工种）见表6-2。

表6-2　冶金企业主要岗位（工种）

序号	单元		主要岗位（工种）	备注
1	烧结	配料	矿粉储备、料场管理、燃料破碎、上料工、皮带工、配料工、配料中控、除尘工	
		混料	混合、打水、造球、制粒	
		烧结	看火、烧结集控、中控室、放灰	
		成品	环冷机、水封拉链、筛分、成品控制、脱硫	
		运转	风机工、水泵工	
2	球团	配料	配料工、除尘工	
		混合造球	皮带工、造球工	
		焙烧	布料工、看火工、看火中控	
		成品	带冷工、链板工、筛分工、脱硫工、放灰工	
		运转	风机工、水泵工、软化工	
3	炼铁	供料	料场管理员、供料皮带工、高炉供料工	
		高炉	高炉工长、炉顶设备维护、炉前、冷却系统维护	
		供风、供水	热风炉操作工、风机工、BPRT操作工、水泵工	
		煤气净化	煤气净化工、TRT操作	

续表

序号	单元		主要岗位（工种）	备注
3	炼铁	渣铁处理	铸铁平台、铸铁天车工、修罐工、抓渣天车工、冲渣水泵工、水渣制备	
		喷煤	制粉工、排渣工、喷吹工、原煤皮带工、天车工	
4	炼钢	原料	合金准备、上料工、废钢工、天车工	
		转炉	炼钢工、摇炉工、合金工、炉前工、天车工、混铁炉工、安包工	
		电炉	炼钢工、合金工、炉前工	
		连铸	大包工、拉钢工、出坯切割工、推钢工、中包维修工、精整工	
		运转	风机工、水泵工、汽化工	
5	轧钢	加热炉	看火工、排钢工、出钢工	
		轧机	调整工、看道工、水泵工	
		精整	冷床工、剪机工、包扎工、打牌工、行车工、质检员、试验员	
6	动力	制氧	制氧机操作工、空压机操作工	
		锅炉	锅炉操作工、软化水处理工	
		气柜	气柜操作工、管线维修工、煤气防护员	
		供水	水泵操作工、污水站操作工	
		电仪	运行电工、巡检电工、维修电工、仪表工	
7	辅助	机修	维修工、焊工、钳工	
		检验	化验分析员、质量检验员、取样工	
8	后勤	车队	厂内机动车辆驾驶员、车辆维修员	
		消防队	消防员	训练、灭火
		清洁队	清洁工、绿化工	各单元
9	管理	管理人员	管理人员	各单元工作
		外来人员	外部参观、学习、实习人员	各单元
		承包商	承包商作业人员	各单元作业
10	非常规活动	特殊作业	动火作业、有（受）限空间、高处作业、吊装作业、盲板抽堵、临时用电	各单元作业
		大型活动	大型聚会、娱乐活动、应急演练等相关人员	

2.设备设施

选用安全检查表法（SCL）、预先危险性分析法（PHA）、专家经验分析法、头脑风暴法、因果分析图法辨识设备设施危险有害因素。

（1）企业应全面辨识设备设施危险源。设备设施检查项目是静态的物，而非活动。所列检查项目不应有人的活动，即不应有动作。既要分析设备设施表面看得见的危害，又要分析设备设施隐藏的内部构件和工艺危害。

企业辨识设备设施危害应遵循一定的顺序。先识别厂址，考虑地形、地貌、地质、周围环境、安全距离方面的危害，再识别厂区内平面布局、功能分区、危险设施布置、安全距离等方面的危害，再识别具体的建构筑物等。对于一个具体的设备设施，可以按照系统一个一个地检查，或按照部位顺序检查，从上到下、从左到右或从前到后都可以。

（2）企业采用安全检查表法应列出检查项目，依据的法律法规、标准规范、操作规程相关条款。

（3）安全检查表检查项目应全面，检查内容应具体。

（4）企业辨识设备设施的不安全状态，应考虑正常、异常、紧急三种状态。

企业应依据设备设施管理台账分类、分项建立设备设施清单，明确设备设施评价对象。冶金企业主要设备设施见表6-3。

表6-3 冶金企业主要设备设施

序号	单元		主要设备设施
1	烧结	配料	堆取料机、料仓、料坑、破碎机、皮带运输机、重型卸料车、圆盘给料机、电子皮带秤、除尘器
		混料	混合机、圆盘造球机、皮带运输机
		烧结	布料器、烧结机、点火炉、破碎机、脉冲式布袋除尘器、电除尘器、起重机、氮气罐
		成品	环冷机、水封拉链机、振动筛、脱硫塔、除尘器、卸灰机
		运转	鼓风机、水泵
2	球团	配料	料仓、料坑、电葫芦、起重机、皮带运输机、重型卸料车、圆盘给料机、电子皮带秤、除尘器
		混合造球	烘干机、加热炉、混合机、圆盘造球机、皮带运输机
		焙烧	布料器、竖炉
		成品	带冷机、链板机、脱硫塔、除尘器、氮气罐、卸灰机

续表

序号	单元		主要设备设施
3	炼铁	供料	皮带运输机、重型卸料车、振动筛、料仓、电子皮带秤、卷扬机、上料小车
		高炉	送风装置、炉顶受料装置、高炉冷却装置、开口机、泥炮、摆动流嘴、高炉本体
		供风、供水	热风炉、循环水泵、冷却塔、鼓风机
		煤气净化	煤气干式布袋除尘器、重力除尘器、加湿卸灰机、螺旋输送机、氮气罐、冷却塔、透平机组
		渣铁处理	铸铁机、铁水罐、卷扬机、水渣脱水器、皮带运输机、冲渣水泵
		喷煤	磨煤机、喷吹罐、煤粉仓、烟气炉、布袋收粉器、空压机、氮气罐、空压罐、皮带运输机、起重机
4	炼钢	原料	皮带运输机、料仓、料槽、振动给料机、起重机
		转炉	混铁炉、转炉、炉前挡火门、炉倾动机构、汽包、氧枪、滑动水口液压站、铁水罐车、钢包车、拆炉机、铁水罐、钢水罐、渣罐、烤包装置、起重机
		电炉	变压器、高压配电、料仓
		连铸	大包回转装置、中间罐车、中包烘烤装置、液压装置、结晶器、火焰切割机、拉矫机、辊道、翻钢机、移钢机
		运转	风机、重力脱水器、冷却塔、煤气冷凝水排水器、低压脉冲袋式除尘器、水泵、压滤机
5	轧钢	加热炉	加热炉、辊道、引风机、鼓风机、推钢机、提升机、加压泵、水系统
		轧机	轧机、飞剪、热锯
		精整	冷床、吐丝机、辊道、润滑站、空压机、风机、集卷机、打包机、称重机、起重机、冷锯、冷剪机
6	动力	制氧	制氧机及配套装置、空压机及配套装置
		锅炉	蒸汽锅炉及配套装置、余热锅炉及配套装置
		气柜	煤气柜（焦炉、高炉、转炉）、加压机、除尘器、放散塔、煤气压缩机
		供水	水泵、蓄水池
		电仪	高压柜、变压器、直流屏

续表

序号	单元	主要设备设施
7	工业管道	输送煤气、氮气、氧气、压缩空气、蒸汽、水等能源介质的设施
8	特种设备	锅炉、压力容器、压力管道、起重机、叉车
9	电气	变压器、供配电装置、输送电线路、用电设备设施
10	仪表与控制系统	监视与测量仪表、传感器、变送器、控制线路、控制器、显示器
		工业视频监控、可燃/有毒气体浓度监测装置、报警与联锁装置
11	消防	消防栓、消防水泵、消防水管网等消防水系统装置；消防车；各种消防器材
12	维修	电焊机、切割机、砂轮机、钻床、手电钻等维修工具
13	后勤	通勤车、公务车、私家车等车辆；清洁车、洒水车等清洁设备
14	其他	其他设备装置

3.作业环境

作业环境的不良因素包括：① 照明光线不良；② 通风不良；③ 作业场所狭窄；④ 作业场地杂乱；⑤ 交通线路的配置不安全；⑥ 操作工序设计或配置不安全；⑦ 地面滑；⑧ 贮存方法不安全；⑨ 环境温度、湿度不当；⑩ 其他。

企业应把功能独立、易于管理、界限范围清晰的工作环境作为工作车间，辨识作业环境中存在的风险，建立作业环境清单。冶金企业主要作业环境包括：

（1）装置区：烧结机装置区、环冷机装置区、脱硫装置区、除尘器装置区、烘干机装置区、链板机装置区、带冷机装置区、竖炉装置区、高炉装置区、供料装置区、热风炉装置区、BPRT装置区、TRT装置区、烟气炉装置区、混铁炉装置区、转炉装置区、连铸机装置区、加热炉装置区、轧机装置区、冷床装置区、冷剪装置区、锅炉装置区、制氧机装置区、空压机装置区。

（2）储存、装卸区：原料场、煤场、焦场、水渣池、熔剂场、废钢区、渣场、钢坯堆垛区、钢材包装打牌区、钢材堆垛区、储罐区、气柜区。

（3）工房：燃破工房、配料工房、混料工房、造球工房、筛分室、煤气加压机房、出铁场、供料工房、风机房、水泵房、磨煤工房、空压站、输煤工房、输渣工房、炼钢供料工房、维修工房、变配电室、化验室、各装置控制室、办公室。

（4）其他：生活区、办公区、停车场、厂区道路。

三、安全风险评估

1.风险评估准则

企业进行风险评估应从人、财产和环境三个方面考虑事故后果严重程度，结合自身可接受程度，制定事故（事件）发生的可能性、严重性、频次、风险度取值标准，确定适用本企业的风险判定准则，科学判定风险等级。

属于以下情况之一的，企业应直接判定为有重大风险：

（1）对于违反法律、法规及国家标准中强制性条款的。

（2）发生过死亡、重伤、职业病、重大财产损失的事故，且现在发生事故的条件依然存在的。

（3）危险化学品重大危险源的关键装置、重点部位。

（4）运行装置界区内固定作业人员或抢修作业现场10人以上（含10人）。

（5）经风险评估确定为重大风险。

2.危险程度评价

企业采用风险矩阵分析法（LS）、作业条件危险性分析法（LEC）等评价方法，定性、定量评价事故后果的严重程度，判定风险等级。鼓励企业结合实际采用多种安全风险评估方法。风险评估应与危险源辨识结合进行。

（1）宜采用“工作危害分析+风险矩阵评价表”或“工作危害分析+作业条件危险性分析评价表”，组织生产、技术及车间管理人员、班组长，对各岗位作业活动逐一进行风险评估，填写作业活动风险评估记录。

（2）宜采用“预先危险性分析+风险矩阵法评价表”或“安全检查表+风险矩阵法评价表”，组织设备、电气、仪表等技术人员以及维修人员，对设备设施进行风险评估，填写设备设施风险评估记录。

（3）宜采用作业条件危险性分析评价表，组织生产现场管理人员、车间主任、生产班长等人员，对作业环境进行风险评估，填写作业环境风险评估记录。

（4）企业应汇总风险评估结果，统计各风险等级的危险源数量，填写危险源统计表。

四、风险分级管控

1.风险管控分级

企业根据安全风险评估结果，将危险源导致不同事故类型的安全风险等级按照从高到低的原则进行安全风险管控分级，分为重大风险、较大风险、一般风险和低风险，分别用红、橙、黄、蓝四种颜色代表。采用风险评估方法确定的危险等级应合理对应到重大风险、较大风险、一般风险和低风险四个等级。风险管控分级标准见表6-4。

表6-4　风险管控分级标准

<table>
<tr><th>序号</th><th>风险分级</th><th>危险特性</th><th>管控措施</th><th>管控分级</th><th>色标</th></tr>
<tr><td>1</td><td>A级</td><td>重大危险
（不可容许风险）</td><td>应立即整改，不能继续作业。只有当风险已降至可接受或可容许程度后，才能开始或继续工作</td><td rowspan="2">公司（或厂）级应重点控制管理，由各专业职能部门根据职责分工具体落实</td><td>红色</td></tr>
<tr><td>2</td><td>B级</td><td>较大危险</td><td>应制定措施进行控制管理。当风险涉及进行中的工作时，应采取应急措施，并根据需求为降低风险，制定目标、指标、管理方案或配给资源、限期治理，直至风险降至可接受或可容许程度后才能开始或继续工作</td><td>橙色</td></tr>
<tr><td>3</td><td>C级</td><td>一般危险</td><td>需要控制整改。应制定管理制度、规定进行控制，努力降低风险；应仔细测定并限定预防成本，在规定期限内实施降低风险措施。在严重伤害后，必须进一步进行评价，确定伤害的可能性和是否需要改进控制措施</td><td>科室级（车间上级单位）应引起关注，负责危险源的管理，并负责控制管理，所属车间具体落实</td><td>黄色</td></tr>
<tr><td>4</td><td>D级</td><td>低危险
（可以接受或可容许的风险）</td><td>不需要另外的控制措施，应考虑投资效果更佳的解决方案或不增加额外成本的改进措施，需要监视来确保控制措施得以维持现状，保留记录</td><td>车间级应引起关注，负责危险源的管理，并负责控制管理，所属工段、班组具体落实</td><td>蓝色</td></tr>
</table>

2.风险分级管控图

（1）企业应按照生产功能、空间界限相对独立的原则将全部作业场所网格化，依据风险点区域设备设施危险源的风险管控等级，将各网格风险等级在厂区平面布置图中利用红、橙、黄、蓝四色进行标注，形成安全风险四色分布图。

（2）企业应依据风险点作业活动风险管控等级绘制作业安全风险比较图。

对动火作业、有（受）限空间作业、临时用电、高处作业、吊装作业、盲板抽堵作业等作业活动难以在平面布置图中标示的风险，应利用统计分析的方法，采取柱状图、饼状图等方式，绘制作业安全风险比较图。

3.风险分级管控清单

企业应在风险辨识和评价后，编制风险点各类危险源信息的风险分级管控清单，包括作业活动分级管控清单、设备设施分级管控清单，并及时更新。风险分级管控清单内容包括风险点名称、危险源及危险有害因素、事故类型、管控措施、管控层级、责任单位、责任人等。

企业应根据风险评估结果，建立较大和重大风险清单、管理档案。

4.风险告知

企业应建立完善安全风险公告制度，并针对辨识评估出的安全风险，加强风险教育和技能培训，确保所有管理者和员工都掌握安全风险的基本情况及防范、应急措施。

（1）风险公示与告知。企业对重大风险、较大风险在醒目位置和重点区域分别设置安全风险公告栏，制作岗位安全风险告知卡，标明主要安全风险、可能引发事故隐患类别、事故后果、管控措施、应急措施及报告方式等内容。

对于一般风险和低风险采用设备风险告知牌和岗位安全风险告知卡等形式进行安全风险公告警示。

（2）风险培训教育。企业应基于安全风险评估结果编制岗位操作规程、岗位安全培训教材，并列入全员培训计划，结合岗位达标活动，定期或不定期组织培训教育，使全体员工熟练掌握本岗位作业活动、设备设施、作业环境潜在的安全风险，自觉采取预防与控制措施，有效控制各类生产安全事故。

企业对相关方的培训教育内容应包括风险点位置、风险等级和管控措施等。

五、风险管控信息管理

企业根据国家安全生产监督管理总局《冶金企业和有色金属企业安全生产

规定》（总局令〔2018〕91号）等文件，以及相关法律法规，建立健全风险管控数据库，完整保存风险管控资料，根据风险评估的结果，编制《风险评估与分级管控手册（报告）》。

企业应每年评审或检查风险评估结果和风险控制效果，并在标准规定情形发生时，及时进行风险评估。

六、冶金企业重大危险源辨识

冶金行业的重大事故隐患判定的依据是《工贸行业重大生产安全事故隐患判定标准（2017版）》（安监总管四〔2017〕129号），其中冶金行业有11项重大事故隐患，具体如下。

（1）会议室、活动室、休息室、更衣室等场所设置在铁水、钢水与液渣吊运影响的范围内。

（2）吊运铁水、钢水与液渣起重机不符合冶金起重机的相关要求；炼钢厂在吊运重罐铁水、钢水或液渣时，未使用固定式龙门钩的铸造起重机，龙门钩横梁、耳轴销和吊钩、钢丝绳及其端头固定零件，未进行定期检查，发现问题未及时整改。

（3）盛装铁水、钢水与液渣的罐（包、盆）等容器耳轴未按国家标准规定要求定期进行探伤检测。

（4）冶炼、熔炼、精炼生产区域的安全坑内及熔体泄漏、喷溅影响范围内存在积水，放置有易燃易爆物品。金属铸造、连铸、浇铸流程未设置铁水罐、钢水罐、溢流槽、中间溢流罐等高温熔融金属紧急排放和应急储存设施。

（5）炉、窑、槽、罐类设备本体及附属设施未定期检查，出现严重焊缝开裂、腐蚀、破损、衬砖损坏、壳体发红及明显弯曲变形等未报修或报废，仍继续使用。

（6）氧枪等水冷元件未配置出水温度与进出水流量差检测、报警装置及温度监测，未与炉体倾动、氧气开闭等联锁。

（7）煤气柜建设在居民稠密区，未远离大型建筑、仓库、通信和交通枢纽等重要设施；附属设备设施未按防火防爆要求配置防爆型设备；柜顶未设置防雷装置。

（8）煤气区域的值班室、操作室等人员较集中的地方，未设置固定式一氧化碳监测报警装置。

（9）高炉、转炉、加热炉、煤气柜、除尘器等设施的煤气管道未设置可靠隔离装置和吹扫设施。

（10）煤气分配主管上支管引接处，未设置可靠的切断装置；车间内各类燃气管线，在车间入口未设置总管切断阀。

（11）金属冶炼企业主要负责人和安全生产管理人员未依法经考核合格。

第四节　安全生产标准化管理与事故预防对策

一、安全生产标准化管理基本规范评分细则

冶金工业的安全生产标准化评审要求参照《冶金等工贸企业安全生产标准化基本规范评分细则》（简称《评分细则》）执行，本评分细则适用于冶金（含有色）行业企业。根据《企业安全生产标准化基本规范》（GB/T 33000—2016，以下简称《规范》）开展安全生产标准化自评、申请、外部评审及各级安全监管部门监督审核等相关工作。申报企业如已有专业评定标准的，优先适用专业评定标准。现将《规范》简述如下：

1.标准化评审等级要求

（1）《规范》共有13项一级要素，分别是：目标、组织机构和职责、法律法规与安全管理制度、教育培训、生产设备设施、作业安全、隐患排查和治理、重大危险源监控、职业健康、应急救援、事故报告、调查和处理、绩效评定和持续改进。还有42项二级要素及194条企业达标标准（略）。

（2）在《评分细则》中的自评/评审描述列中，企业及评审单位应根据评分细则的有关要求，针对企业实际情况，如实进行得分及扣分点说明、描述，并在自评扣分点及原因说明汇总表中逐条列出。

（3）本评定标准中累计扣分的，均以直到该考评内容分数扣完为止，不出现负分。有特别说明扣分的（在考评方式中加粗的内容），在该类目内进行扣分。

（4）本评定标准共计1000分，最终标准化得分换算成百分制。换算公式如下：

标准化得分（百分制）=标准化工作评定得分 ÷（1000−不参与考评内容分数之和）×100。最后得分采用四舍五入，取小数点后一位数。

（5）标准化等级共分为一级、二级、三级，其中一级为最高。评定所对应的等级须同时满足标准化得分和安全绩效等要求，取最低的等级来确定标准化等级（见表6-5）。

表6-5　冶金企业安全生产标准化评审等级

评定等级	标准化得分	安全绩效
一级	≥90	应为大型企业集团、上市公司或行业领先企业。申请评审之日前一年内，大型企业集团、上市集团公司未发生较大以上生产安全事故，集团所属成员企业90%以上无死亡生产安全事故；上市公司或行业领先企业无死亡生产安全事故
二级	75～90	申请评审之日前一年内，大型企业集团、上市集团公司未发生较大以上生产安全事故，集团所属成员企业80%以上无死亡生产安全事故；企业死亡人员未超过1人
三级	60～75	申请评审之日前一年内生产安全事故累计死亡人员未超过2人

（6）冶金等工贸企业安全生产标准化考评程序、有效期、等级证书和牌匾等按照《企业安全生产标准化建设定级办法》（应急〔2021〕83号）的有关要求执行。

2.评审要求

评审要求具体如下。

（1）建立安全生产目标的管理制度，明确目标与指标的制定、分解、实施、考核等环节内容；按照安全生产目标管理制度的规定，制定文件化的年度安全生产目标与指标。

（2）建立设置安全管理机构、配备安全管理人员的管理制度；按照相关规定设置安全管理机构或配备安全管理人员；根据有关规定和企业实际，设立安全生产委员会或安全生产领导机构，并保证每季度至少召开一次安全专题会，协调解决安全生产问题，会议纪要中应有工作要求并保存。

（3）建立安全生产费用提取和使用管理制度，保证安全生产费用投入，并建立安全生产费用使用台账；建立员工工伤保险或安全生产责任保险的管理制度。

（4）建立识别、获取、评审、更新安全生产法律法规与其他要求的管理制度，及时将识别和获取的安全生产法律法规与其他要求融入行业管理制度并传达给从业人员；建立文件的管理制度，确保安全生产规章制度和操作规程编制、发布、使用、评审、修订等效力。

（5）建立安全教育培训的管理制度，确保安全教育培训主管部门定期识别安全教育培训需求，制订各类人员的培训计划。

（6）建立生产设施新、改、扩建工程“三同时”的管理制度；建立设备设施的检修、维护、保养管理制度；建立设备设施验收、拆除、报废的管理制度。

（7）建立包括各危险作业的安全管理制度，明确责任部门/人员、许可范围、审批程序、许可签发人员等；对生产作业过程中人的不安全行为进行辨识，并制定相应的控制措施；建立警示标志和安全防护的管理制度；建立有关承包商、供应商等相关方的管理制度；建立有关人员、机构、工艺、技术、设施、作业工程及环境变更的管理制度。

（8）建立隐患排查治理的管理制度，明确责任部门/人员、方法；隐患排查的范围应包括所有与生产经营场所、环境、人员、设备设施相关的活动；根据隐患排查的结果，制定隐患治理方案，对隐患进行治理，并采用技术手段、仪器仪表及管理方法等，建立安全预警指数系统。

（9）建立危险源的管理制度，明确辨识与评估的职责、方法、范围、流程、控制原则、回顾、持续改进等；对确认的危险源及时登记建档，并采取相关措施进行监控。

（10）建立职业健康管理制度；与从业人员订立劳动合同时，应将从业人员劳动安全和工作过程中可能产生的职业危害及后果、职业危害防护措施、待遇等如实以书面形式告知从业人员，并在劳动合同中写明；及时、如实地向当地主管部门申报生产过程存在的职业危害因素。

（11）建立事故救援制度；按应急预案编制导则，结合企业实际制定生产安全事故应急预案；建立应急设施、配备应急装置，储备应急物资；按规定组织生产安全事故应急演练；事故发生后，立即启动相关应急预案，积极开展事故救援。

（12）建立事故的管理制度，明确报告、调查、统计与分析、回顾、书面报告样式和表格等内容；按照相关规定组织事故调查组或配合有关政府对事故、事件进行调查；对本行业的事故进行回顾、学习。

（13）建立安全生产标准化绩效评定管理制度，并根据评定结果和安全预警指数系统，对安全生产目标与指标、规章制度等进行修改完善。

二、冶金生产事故预防策略

（1）预防高温灼烫事故的主要措施有：撇渣器设防护罩，渣口正前方设防护墙，铁、渣沟设安全桥；健全安全管理制度；加强对员工的安全教育培训；加强安全监管和对生产现场的安全监控。

（2）预防起重伤害事故的主要措施有：严格遵守起重机司机持证上岗制度；建立和健全起重机械的维修保养、定期检验制度；认真执行交接班制度。

（3）预防煤粉爆炸事故的主要措施有：严禁贸然打开盛装煤粉的设备灭火；严禁用高压水枪喷射燃烧的煤粉；防止燃烧的煤粉引发次生火灾。

（4）预防中毒窒息事故的主要措施有：做好通风防护工作，防止有毒有害气体和金属粉尘积聚；在自然通风条件下难以达到安全生产标准要求的，必须借助机械设备加强通风除尘。对于可能发生有毒有害气体积聚的场所，要设置监测及声光报警装置，并将其与控制室监控系统相连接，实现对有毒有害气体浓度的实时监控。

（5）预防高温辐射伤害的主要措施有：积极推广应用先进生产工艺，提高冶金生产的自动化、机械化水平；尽可能地为高温岗位采取隔热、散热和降温措施，在高温岗位设置通风扇、空调等降温设备，降低环境温度。

第五节　冶金企业常见事故案例警示

一、广西某冶金有限公司“9·17”烫伤事故

（一）事故发生经过

2013年9月17日上午9时50分左右，广西某冶金有限公司炼钢车间在浇钢作业过程中，回转台的连接栓断裂，造成大包倾斜，钢水从大包中泄漏，钢水将周围的可燃物引燃起火，同时由于热浪冲击，造成在回转台附近工作的任×华等四名工人受伤。

事故发生后，广西某冶金有限公司立即打120急救电话和119电话报警，将任×华等四名伤者送到县人民医院救治，同时，生产管理人员迅速组织灭火，县消防大队10时0分赶到现场，10时30分火情扑灭。17日下午18时县人民医院安排专车将任×华等四名伤者送到广西医科大学第一附属医院救治。2013年10月7日，任×华因伤口感染，医治无效死亡。其他三名伤者已出院。

（二）原因分析

福建省晋辉重工连铸设备有限公司派出的安装队在安装广西某冶金有限公司炼钢车间连铸大包回转台过程中螺丝安装不到位，没有按设计要求和规定数量安装，造成广西某冶金有限公司炼钢车间在浇钢作业过程中回转台的连铸螺丝断裂，造成大包倾斜，钢水从大包中泄漏，导致事故的发生，这是发生这起事故的直接原因。广西某冶金有限公司炼钢车间安全生产监督管理不到

位，安全生产检查和隐患排查的力度不大，对安装作业现场检查督促不到位，对安装作业人员安装螺丝不到位的行为没有及时发现和制止，是发生这起事故的间接原因。

二、辽宁某冶金装备制造有限责任公司“5·8”起重伤害事故

（一）事故经过

2020年5月8日，辽宁某公司热连轧作业区熔炼工段中频炉3班班组进行熔炼制辊工作。10时20分，熔化工李×勇（不具备指吊、司索资质）指挥吊挂有电磁盘的天车为8t中频炉加料后，继续指挥天车前往装料区吸取炉料，准备为20t中频炉添加炉料。由于电磁盘的动力电源和操作开关都在地面，该项作业一直由两名熔化工拖拽着电缆和启停开关跟随运行的天车进行电磁盘吸料、投料，电缆线在随同天车运行时会横跨于中频炉之上，辽宁恒通公司规定拖拽电缆线和操作启停开关的熔炼工签订互保协议，在工作中进行互保。当天负责启停开关的是融化工张×千，李×勇拖拽着电磁盘电缆线随着天车在炉台上行走时，电缆线刮到20t中频炉炉台护板右后角，绷紧的电缆线将李×勇带倒并拖入敞开的20t中频炉中，李×勇当场死亡。

（二）事故原因

辽宁某公司热连轧作业区通用桥式起重机既用来吊运熔融金属，又用来吊运电磁盘，使用中未做到专吊专用。熔化工李×勇未严格按照铁水熔炼安全管理规定的安全操作距离工作，均是导致事故发生的直接原因。

另外，辽宁某公司落实机械设备隐患排查制度和日常检查制度不严格，没有排查和检查出作业人员拖拽电磁盘电缆线存在安全隐患，没有细化安全操作规程，存在不具备指吊、司索等特种作业资质的人员指挥天车作业的现象，这是事故的间接原因。

思考题

1.冶金工业的生产有什么特点？

2.简述高炉炼铁的原理及生产过程。

3.比较平炉炼钢、氧气转炉炼钢和电弧炉炼钢的生产工艺特点。

4.如何进行冶金工业生产过程的安全防范？

5.简述冶金行业常见的危险源及预防措施。

第七章

建材工业安全管理

第一节　玻璃工业安全管理

一、概述

（一）玻璃生产工艺及特点

玻璃的熔制过程是指将配合料在高温下经过硅酸盐反应、熔融，再转化成均质玻璃液的过程。玻璃的熔制过程可分为硅酸盐形成、玻璃形成（熔融）、澄清、均化、冷却5个阶段。所谓熔融是指配合料反应后固相相融的过程；澄清是指从熔融的玻璃中排除气泡的过程；均化是指把线道、条纹以及节瘤等缺陷减少到容许程度的过程，也是把玻璃的化学成分均化的过程。这些过程是分阶段交叉进行的。

1.硅酸盐形成阶段

配合料进入熔窑后，受热过程中经过一系列物理、化学变化，各组分间的固相反应、吸附水的挥发、结晶水的脱水、碳酸盐的热分解、释放大量气体，配合料变成了由硅酸盐和SiO_2组成的烧结物，对普通的玻璃而言，大约在800～900℃完成。

2.玻璃形成阶段

由于继续加热，烧结物开始熔化，首先熔化的是低熔混合物。同时硅氧与硅酸盐相互熔解，这一阶段结束时烧结物变成了透明体，不再有未起反应的配合料颗粒，但此时玻璃液中带有大量的气泡、条纹，在玻璃液的化学成分上是不均匀的。对普通钠钙玻璃来讲，大约在1200℃左右；对硼铝硅酸盐玻璃来讲，大约在1400℃以上。

3.玻璃的澄清阶段

继续加热升温，玻璃液黏度降低，玻璃液溶解的气泡长大，上浮而释放，直到可见气泡全部排除，对普通钠钙玻璃而言，此阶段温度为1400℃以上。

4.玻璃液的均化阶段

玻璃液长时间处于高温下，在窑体上下温差的情况下发生玻璃液的对流和作业流的牵动等，使其化学组成趋于一致。这可通过测定不同部位的玻璃折射率或密度是否一致来鉴定。

5.玻璃液的冷却阶段

将已澄清均化好的玻璃液降温，直到冷却至成型温度，如制玻璃球、池窑通路拉丝。

玻璃熔制的每个过程，各有其特点，又密切相关，交错进行。其间进行着固相反应向液相的反应转化，气相的排除和相互作用、趋于平衡的过程。

（二）玻璃品种

玻璃简单分类主要分为平板玻璃和特种玻璃。平板玻璃主要分为三种：引上法平板玻璃（分有槽/无槽两种）、平拉法平板玻璃和浮法玻璃。普通平板玻璃是用石英砂岩粉、硅砂、钾化石、纯碱、芒硝等原料，按一定比例配制，经熔窑高温熔融，通过垂直引上法或平拉法、压延法生产出来的透明无色的平板玻璃。

用海沙、石英砂岩粉、纯碱、白云石等原料，按一定比例配制，经熔窑高温熔融，玻璃液体从池窑中连续流入并漂浮在相对密度大的锡液表面上，在重力和表面张力的作用下，玻璃液在锡液面上铺开、摊平、形成上下表面平整、硬化、冷却后被引上过渡辊台。辊台的辊子转动，把玻璃带拉出锡槽进入退火窑，经退火、切裁，就得到平板玻璃产品，工艺流程见图7-1。

由于浮法玻璃厚度均匀、上下表面平整平行，再加上劳动生产率高及利于管理等方面的因素影响，浮法玻璃为玻璃制造方式的主流。

浮法与其他成型方法比较，其优点是：适合于高效率制造优质平板玻璃，如没有波筋、厚度均匀、上下表面平整、互相平行；生产线的规模不受成型方法的限制，单位产品的能耗低；成品利用率高；易于科学化管理和实现机械化、自动化，劳动生产率高；连续作业周期可长达几年，有利于稳定地生产；可为在线生产一些新品种提供适合条件，如电浮法反射玻璃、退火时喷涂膜玻璃、冷端表面处理等。

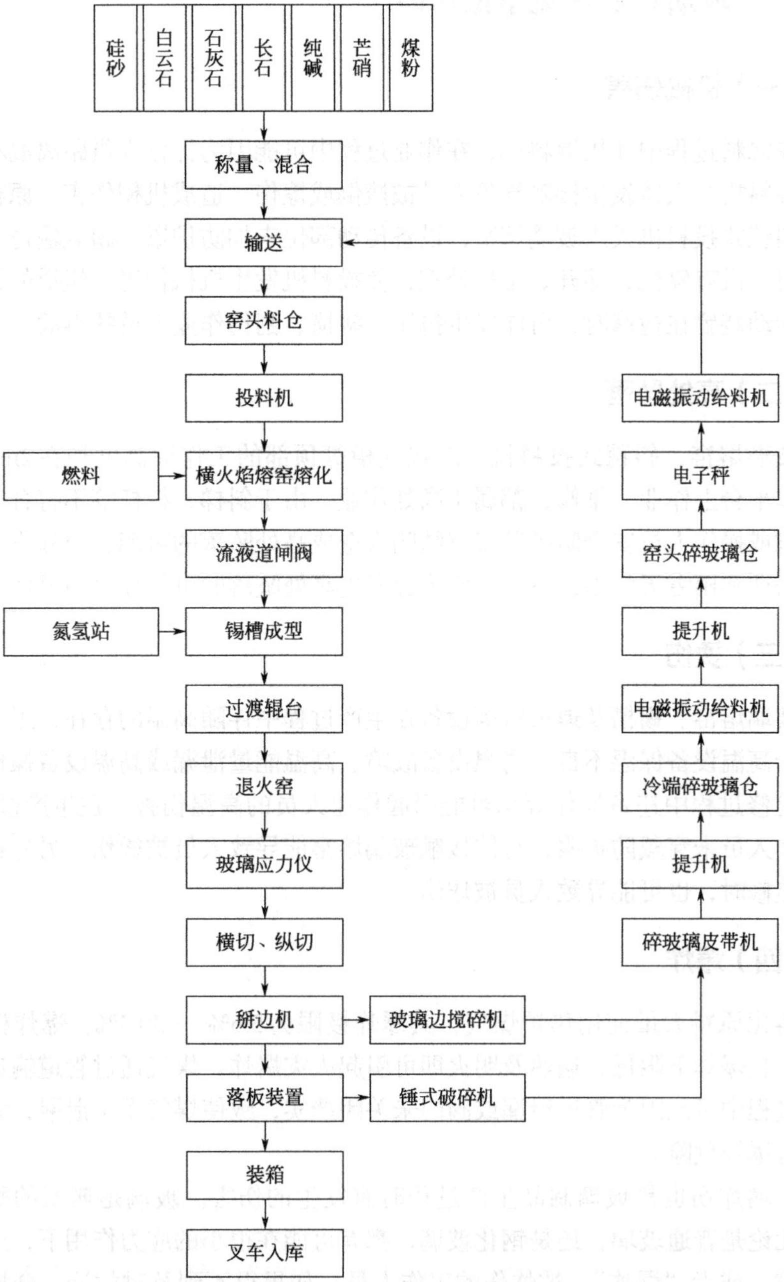

图7-1　玻璃生产工艺流程

二、玻璃企业常见事故风险

（一）机械伤害

在混料过程中使用混料机，在作业过程中可能因为操作人员距离混料机过近，混料机与人体发生接触导致人员被撞倒或擦伤，造成机械伤害。原料混合后由斜毯式投料机投入玻璃熔窑，设备传动部位未加防护罩、超载输送，发生故障时，没有停机，即开始维护处理，使投料机发生机械伤害。辊道的转动设施及传动装置在检修时，可能发生挤压、碰撞、刮伤作业人员的事故。

（二）高处坠落

玻璃熔窑、斜毯式投料机、湿式气柜等顶部的工作面高度均在2m以上，在操作平台上作业、维修，都属于高处作业。由于斜梯、栏杆等不符合安全使用要求或操作人员安全防护装置有缺陷有造成高处坠落的可能，户外作业，尤其在霜期和雨雪天气里，室外工作梯台发生高处坠落的可能性会明显增大。

（三）烫伤

玻璃熔窑、锡槽及退火窑等设备在生产过程中伴随高温的存在，工人操作时由于高温设备保温不良、高温设备故障、高温能量泄漏或高温设备操作、检查和检修过程中违章操作等均可能引起作业人员的高温伤害。在生产过程中，如操作人员未穿戴防护服，身体接触玻璃熔窑能导致人员被烫伤，另外在熔窑进行热修时，也可能导致人员被炸伤。

（四）爆炸

熔化原料大量使用焦炉煤气，其爆炸极限为5.6%～30.4%，爆炸极限范围大，且爆炸下限低，遇热及明火即可引起火灾爆炸。煤气通过管道输送，在输送过程中可能因为管道泄漏或阀门未关闭严实，致使煤气发生泄漏，大量逸出，有爆炸危险。

玻璃炸伤也是玻璃制品生产过程时有发生的伤害。玻璃是典型的脆性产品，无论是普通玻璃，还是钢化玻璃，都有可能在很小的应力作用下，产生快速碎裂，或者“爆炸”。被炸伤的工作人员，如果得不到及时救治，会导致失血、死亡。冷端操作人员在运输玻璃制品、处理破碎玻璃等过程中操作不当会导致玻璃划伤。

（五）粉尘危害

生产采用的物料中硅砂、芒硝、纯碱为白色粉末状，在混料过程中，因设备的搅动将导致扬尘的产生，作业人员吸入可能导致尘肺病。

总之，玻璃企业在生产过程中存在着大量的安全风险，应积极开展生产工艺和设备设施的固有风险评估，根据平板玻璃企业安全生产标准化评定标准开展安全生产标准化创建工作，推动企业安全管理水平的提升；同时以PDCA循环管理为手段，以目标管理、机构和职责、安全生产投入、法规制度、风险管理、教育培训、安全设施、作业安全、职业健康、隐患排查治理、应急管理、事故管理为核心模块，结合玻璃行业特色和事故风险特点，通过叠加安全生产标准化评审、管理评审等体系管理要素可以组成安全生产标准化系统、HSE系统、预测预警指数系统等管理系统，提升安全管理水平，实现生产安全。

三、玻璃企业事故风险辨识

玻璃企业的事故风险辨识，应根据生产工艺流程，划分作业场所或作业活动，编写序号，列出风险评估辨识表，同时，采用LEC法进行风险等级分类，提出相对应的管控措施。现对玻璃企业主要生产工序（举例）进行风险分级评估，仅供学习参考，见表7-1所示。

四、玻璃企业安全生产标准化管理

玻璃生产企业可申请创建安全生产标准化单位，依据平板玻璃企业安全生产标准化评定标准开展自评工作，要求企业在考核年度内未发生较大及以上生产安全事故的，可以参加安全生产标准化等级考评。考评时对考评项目逐一进行核对评估，明确责任人，建立安全生产标准化管理台账，注重生产现场安全管理，再根据工艺生产过程将要求列出来。

（一）基本要求

（1）玻璃熔化采用重油、天然气等高热值燃料；凡使用煤为热源熔化玻璃的企业，将煤转化为气体燃料（煤气）使用。

（2）玻璃生产热工设备及其他热作业场所，在操作工人附近设置固定或移动式隔热设施及送风降温设施。

（3）玻璃原料、耐火材料的粉碎系统，煤气发生炉供煤系统等产生高噪声的设备，采用机械化、自动化的远距离监控操作。

表 7-1　玻璃企业生产安全风险辨识汇总表（举例）

序号	作业场所危险源	识别可能产生或者存在的安全风险	发生事故可能性大小（L）	评暴露于风险环境的频繁程度（E）	估发生事故产生的后果（C）	风险值（D）	风险程度	控制措施
1	熔化池	玻璃液泄漏，导致高温灼伤	3	6	20	360	重大风险	每日点检，定期检修，常备消防栓、沙袋
2	煤气发生炉	煤气泄漏引发燃烧、爆炸	6	6	20	720	重大风险	每日点检，定期检修，常备消防栓、面具
3	污水处理池	发生污水外排，导致环境污染	3	3	20	180	较大风险	回收池专人负责巡查，修建备用池
4	烟囱粉尘外排	导致大气污染	4	3	10	120	一般风险	安装脱硫塔及喷淋除尘系统，确保有效运行
5	制瓶车间	高温玻璃瓶灼伤	3	6	6	108	一般风险	按要求佩戴个人防护用品，遵守安全操作规程
6	窑炉车间	储气罐爆炸	2	6	30	360	重大风险	专人负责每日点检，定期校验
7	加料作业	出现粉尘吸入风险	10	8	2	160	较大风险	按要求佩戴防护面具
8		玻璃片划伤	3	6	2	36	低级风险	遵守安全操作规程，穿戴个人防护用品
9		机械传动部位伤害	3	2	20	120	一般风险	遵守安全操作规程，定期检查防护罩
10	危化品使用	吸入有毒化学品，导致中毒	2	5	20	200	较大风险	设置专门危化品仓库，佩戴防毒面具
11		使用氢氟酸出现皮肤腐蚀	5	2	10	100	一般风险	专人收发，佩戴防毒面具，遵守操作规程

续表

序号	作业场所危险源	识别可能产生或者存在的安全风险	发生事故可能性大小（L）	评暴露于风险环境的频繁程度（E）	估发生事故产生的后果（C）	风险值（D）	风险程度	控制措施
12	管道工位	煤气交换时，配重下落造成人身安全事故	3	6	5	90	一般风险	吹扫煤交机时，必须先通知熔化操作工
13		气枪被中罩卡住造成生产事故	3	6	5	90	一般风险	吹扫煤交机时，必须先通知熔化操作工
14	熔窑烟道工位	在吹扫格子砖时，以免造成人身伤害	3	6	5	90	一般风险	必须先通知熔化操作工，戴好防护手套
15		在掏炉条碹下积灰时，闸板脱落把人堵在里面造成事故	3	3	6	54	低风险	闸板顶好，遵守安全操作规程
16	清灰工位	清灰后交换时压力过大，把水斗里的水喷出，造成煤气泄漏	3	3	20	180	较大风险	从灰斗抽出的水，掏完灰要及时补上
17		水排出过多造成煤气泄漏	3	3	20	180	较大风险	排水时人不能离开，严格控制水位
18	烤花车间	线路老化、漏电，导致漏电	3	6	1	18	低风险	整理线路，换电线
19	车间	警示、标志缺陷，其他伤害	3	6	3	54	低风险	立即更换，加强日常查看
20	清灰工序	清理交换器时，配重伤人及中罩把工具卡住。	3	6	3	54	低风险	听到熔化换火响铃时，要马上把工具拿出煤交机，立即离开

（4）输送块状原料或玻璃的金属溜管、储仓及其挡板，采取阻尼隔声措施，并尽量避免物料在运输中出现大高差翻落和直接撞击。

（5）玻璃原料在破碎、筛分、贮存、称量、混合及配合料输送直至窑头料仓的下料过程中，在工艺设备的产尘点（如入料口和出料口等处）设置密闭抽风除尘设施；熔窑投料池上方应设除尘设施。

（6）产生粉尘的生产场所的地面，考虑用水冲刷。在不允许用水冲刷的碱、硝系统及熔制车间投料平台等生产场所，设置移动式吸尘装置，及时消除地面、墙面和设备表面上的积尘。

（二）配料

（1）玻璃配合料尽量采用不含有毒、有害成分的澄清剂、脱色剂等辅助原料，减少砷化物、氟化物等有毒、有害成分的危害。

（2）破碎、筛分、混合、输送、通风等生产设备的传动外露部分要安装安全防护罩、电器开关罩、故障紧急停车装置或其他防护装置。

（3）混料机、混砂机等各类需人进入检修的设备，按照有限空间作业管理，在检修前应停车并切断电源，挂上“禁止启动”的标志，并设专人在现场监护。

（三）熔化

（1）放玻璃液前应认真检查、清理玻璃水池和玻璃水沟，确保放玻璃液安全；池窑放料口宜设有调整和控制玻璃液流量的可靠装置。

（2）放玻璃液应采用水淬法以高压冷水将玻璃液激碎并运到远处堆积起来，或将热玻璃液排放到预先砌筑的玻璃水池内。

（3）碹胎的支设必须正确和牢固。砌筑碹时应从两边碹碴开始同时向中心对称砌筑。

（4）加料机与玻璃液面计之间采用自动联锁控制，保证液面稳定，玻璃液面不得超出池壁上平面。

（5）池窑运行中发生渗透玻璃液时，必须根据渗玻璃液部位，用风、特制水套管、水箱或水进行强制冷却，并及时进行维修。如遇漏玻璃液事故，应立即采取相应措施使缺口处玻璃液凝固，必要时应降低液面和温度。如漏液情况严重应果断停炉。

（6）池窑运行中遇停水事故时，应先将横焰窑卡脖（或冷却部）、通路等处设置的水冷却管、玻璃液搅拌器的进水关死，并迅速将其抽出。

（7）更换水管时，新管穿好后应先接进水管，后接出水管。在出水管一侧的人员应闪开，以防水汽烫伤。更换大水管时，应采用机械设备将其提起和进行穿插。

（8）窑炉运行时带电部位的维修工作（例如松紧螺纹接头，调整电极等），应在断电状态下进行，必须明确切断电极供电线路上的主开关及隔离开关。

（9）窑顶（炉盖）应沿窑边砖用窑箍加固，窑顶上部应设排热罩。

（10）窑墙外应安装升降式水幕隔热降温装置或隔热挡板。

（11）清除坩埚里的热玻璃液时，必须采用特制的长柄工具。

（四）成形与退火

（1）锡槽前的流道上应设置材质为耐热钢的安全闸板和材质为耐火材料的调节闸板；安全闸板应升降快速、灵活，可手动和自控；调节闸板应有升降高度显示装置。

（2）锡槽操作时不得触及锡槽顶部的加热元件，防止烫伤。

（3）锡槽前后端可用水冷、风冷或氮气冷却，槽底应用风冷。锡槽冷却风机应布置在锡槽厂房的底层或熔化工段底层，应相对集中，应设减震、降噪设施。

（4）确定修边楼层与引上机的相对高度位置时，应便于引上机侧门的开启、清理碎玻璃和更换石棉辊子等的操作。

（5）大批量制作普通空心玻璃制品时（瓶罐、器皿、仪器、灯泡、保温瓶胆等），应尽量采用自动化程度较高的连续式机械成形。

（6）供料机的料盆、料碗、冲头和料筒等采用优质耐火材料制品，料盆周围及其与铁壳之间采用低导热的陶瓷纤维或其他保温材料进行保温。

（7）在采用平拉法工艺的退火窑厂房中，其退火窑换辊一侧的宽度与成形室传动站一侧的宽度相一致。

（8）退火窑风机应布置在退火窑顶或底层，应设减震、降噪设施。

（五）检验与包装

（1）浮法或平拉法的玻璃带切割应采用纵向切割机、横向掰断装置、掰边机、纵向分离装置等组成的联合装置，切割后的玻璃片通过分片机进入分片线，由堆垛机堆垛或人工取片。

（2）垂直引上法引上玻璃带的切割、采板，应采用自动切割机、放平机组或掰板装备（真空吸盘式或夹辊式）等机械化、半机械化设备。

（3）平板玻璃的检验尽量采用检验仪器或设备在生产线上进行连续检验。

（4）日用玻璃制品（主要指瓶罐类）的检验使用单行排列输送机，将制品从退火窑直接送到检验输送机上，再用自动检验机检查输送的制品。

（5）临时存放的平板玻璃或玻璃制品，应按预先确定的存放地点分别存放，每个存放点的存放量应符合楼板承重的要求；存放点之间及其周围应保证人行和运输通道畅通。

（六）运输与储存

（1）玻璃工厂的运输设计应兼顾运营、装卸、转运及贮存等各环节相互协调，并尽量提高运输装卸的机械化程度。

（2）粉状原料应贮存在专用的库房或粉料仓内，不得露天任意堆放。库房内应有良好的通风换气及采光设施；库房地面应采用平整、密实的混凝土地面，并与地漏和排水明沟方向保持一定的坡度，库内或室外应设沉淀池。粉料仓的结构应有保证粉料正常流动的措施和装置，防止漏料。大型原料粉料仓的仓顶应设置相互贯通的人行走道，每个格仓应设带有盖板的人孔，仓内应设置通往仓底的爬梯。检维修作业，应按有限空间作业管理。

五、玻璃企业事故案例警示

2010年11月，某县玻璃器皿厂熔制车间发生爆炸事故，共造成3人死亡，8人受伤。确认发生爆炸事故的设备为私自焊接的长方体热水箱，属于土法制造的非承压类设备。

2010年1月，湖北某瓷业有限公司一原料车间煤气干燥塔发生爆炸，事故造成多人伤亡。

2007年10月，重庆市某玻璃制品有限公司一座30多吨玻璃溶液的窑炉底部突然裂开，1400℃的玻璃溶液喷出，该窑炉是砖砌，使用久了产生裂口，所幸事故救援及时，未造成严重后果。

第二节　水泥工业安全管理

一、概述

1.水泥的定义

凡细磨成粉末状，加入适量水后成为塑性浆体，既能在空气中硬化，又能在水中硬化，并能将砂、石等散粒或纤维材料牢固地胶结在一起的水硬性胶凝材料。

水泥生产最基本的化学反应就是碳酸钙在900℃的分解，生成氧化钙和二氧化碳；这个过程叫做分解。紧跟其后的是烧结过程，即氧化钙与黏土、矾土以及氧化亚铁在高温条件下（1400～1500℃）反应，形成硅酸钙、铝酸钙和铁铝酸钙，它们形成熟料，熟料与石膏和其他添加物一起被粉磨生产成水泥。俗称“两磨一烧”。

2.水泥分类

（1）按组成可分为以下两种：

① 常用水泥/硅酸盐水泥（以硅酸盐水泥熟料组分确定）如：硅酸盐水泥、普通硅酸盐水泥、矿渣硅酸盐水泥等；

② 特种水泥（以非硅酸盐类水泥熟料为主要组分）如：高铝水泥、硫铝酸盐水泥等。

（2）按化学成分：

① 硅酸盐系水泥，其中包括硅酸盐水泥、普通硅酸盐水泥、矿渣硅酸盐水泥、火山灰质硅酸盐水泥、粉煤灰硅酸盐水泥、复合硅酸盐水泥等六大常用水泥，以及快硬硅酸盐水泥、白色硅酸盐水泥、抗硫酸盐硅酸盐水泥等；

② 铝酸盐系水泥，如铝酸盐自应力水泥、铝酸盐水泥等；

③ 硫铝酸盐系水泥，如快硬硫铝酸盐水泥、Ⅰ型低碱硫铝酸盐水泥等；

④ 氟铝酸盐水泥；

⑤ 铁铝酸盐水泥；

⑥ 少熟料或无熟料水泥。

（3）按水泥的特性与用途划分，可分为：

① 通用水泥，是指大量用于一般土木工程的水泥，如上述“六大”水泥；

② 专用水泥，是指专门用途的水泥，如砌筑水泥、油井水泥、道路水泥等；

③ 特性水泥，是指某种性能比较突出的水泥，如快硬水泥、白色水泥、膨胀水泥、低热及中热水泥等。

3.水泥生产工艺流程

水泥的生产要经过原料的破碎及预均化、生料制备、煤粉制备、熟料煅烧、水泥粉磨和包装等工序，完成整个生产过程，得到施工所需要的具有胶凝性的硅酸盐水泥产品。其生产工艺流程示意图如图7-2所示。

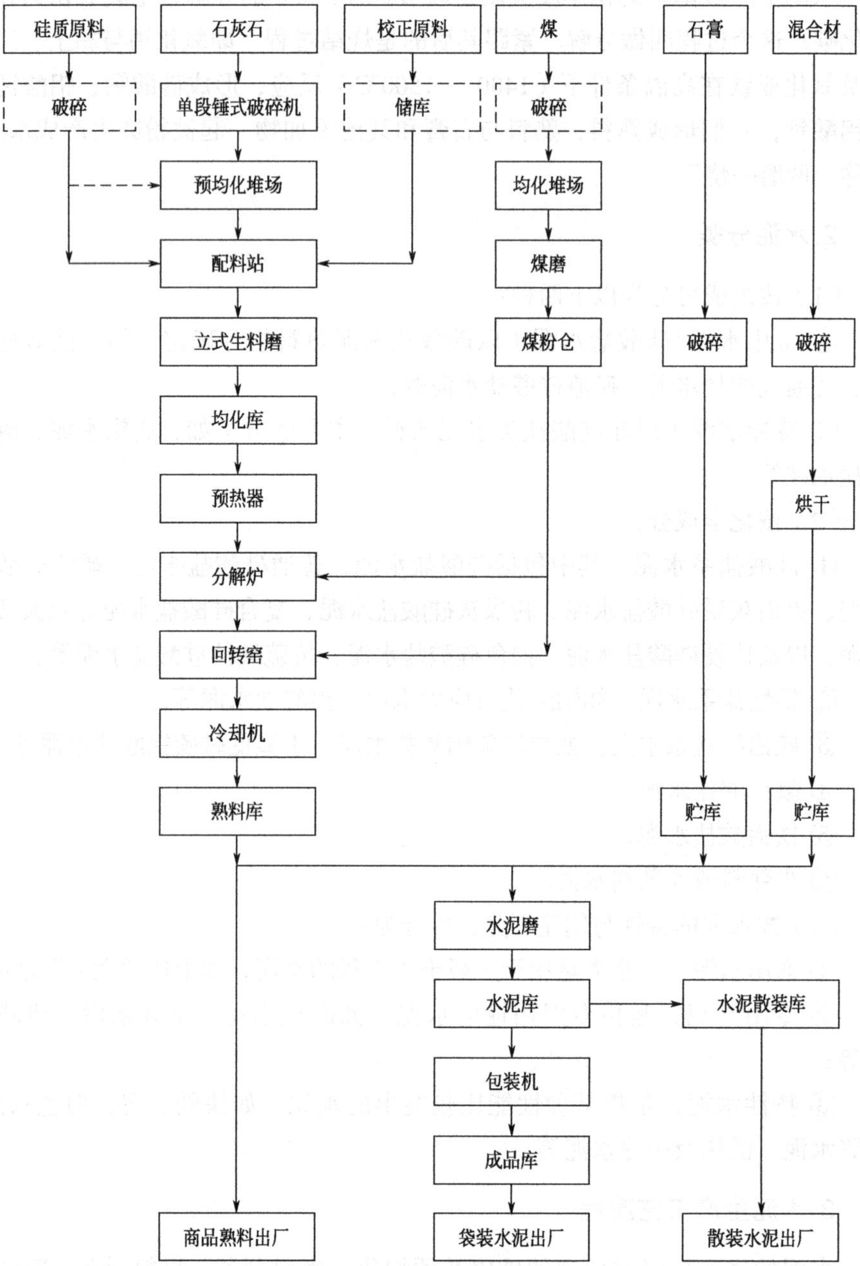

图7-2　水泥生产工艺流程示意图

二、水泥行业常见事故风险

水泥企业具有原料传输线路长，动力设备多，主要的炉窑、原料库等设备设施体型高大，有煤粉制备等工艺特点；存在着火灾、爆炸、高温、粉尘、机械伤害、高空坠落、物体打击、噪声、电气伤害等事故风险。

1. 火灾爆炸

主要的火灾爆炸危险性存在于煤粉制备、煤粉仓、煤磨收尘器和窑尾收尘器等系统，其运输、制备、贮存、燃烧及燃烧产物排放过程都可能发生自燃或爆炸。煅烧窑尾电收尘器也存在燃烧及爆炸的危险性。当点窑时或窑内燃烧不完全时，会有大量未燃烧的一氧化碳和煤粉流入电收尘器内，极易引发电收尘器的燃烧爆炸，严重危害人身安全和造成设备损毁。

2. 高温烫伤

水泥生产有多处燃烧、换热设备，回转窑呈高温工作状态，换热设备多且大型化，形成了生产环境中众多的生产性强热源且热辐射面积大，可造成相关作业人员的高温辐射危害。

3. 尘、毒危害

粉尘是水泥生产中主要危害因素之一。煤渣、砂岩、硫酸渣、粉煤灰、原煤的储存场所和砂岩、原煤的破碎场所均可能产生粉尘，可导致粉尘危害的发生。煤粉制备、窑尾收尘和熟料储库等场所是防范粉尘危害的主要环节。生产过程中，接尘作业人员长期吸入粉尘，能引起以肺部组织纤维化为主的病变，可致肺部硬化、减弱乃至丧失正常的呼吸功能，导致硅肺病的发生，这是水泥行业发生较多的职业病。

4. 机械伤害

水泥企业有着大量的输送设备，如皮带机、传动设备、破碎设备、提升机等，多因防护设施不到位，以及设备维修时出现的不安全行为，存在麻痹思想，发生机械伤人的事故。

当然还有噪声的危害，水泥生产需要的磨机、破碎设备等高分贝噪声设备，生产工人长期处于这种工作环境中，如果没有一定的保护措施（塞耳塞等），轻者造成听觉障碍，重者致聋。另外，如员工在车间内长时间处于高温辐射状态，时间长了，防护不当，现场作业人员可能会患皮肤病或者皮肤癌等。

值得注意的是，在水泥生产作业过程中有十类作业属于高危作业，分别为：危险区域动火作业、进入受限空间作业、高处作业、大型吊装作业、预热器清堵作业、篦冷机清大块作业、水泥生产筒型库清库作业、交叉作业、高温作业和其他危险作业。这也应引起安全管理人员的高度重视，做好风险管控工作，及时排查隐患。

因此，做好生产过程的安全监控与风险评估是非常重要的，同时提高岗位作业人员的专业技术与安全意识，及时排查隐患，并采取有效的整改措施，达到安全生产的目的。

三、水泥行业安全生产标准化管理

1.安全生产标准化考评要求

水泥生产安全与建筑质量安全密切相关。水泥生产的安全标准化创建工作，是依据水泥生产安全标准化考评标准进行的。在水泥企业的安全生产管理过程中，企业需建立全套管理制度，落实目标指标制定、分解实施、考核等，并向有关部门申请，批准后才能进行生产。

2.风险及排查治理预防机制

（1）水泥生产安全风险。水泥生产风险的发生分为人为的不安全行为、设备管理不当、设备故障、安全防护不到位、电气使用不规范、检修未落实等，都会使水泥生产安全产生不同的风险，解决这些问题，就需要开展风险辨识，进行分级管控措施，建立完善的风险管控与隐患排查治理机制。

（2）隐患分类排查方法。完善的排查技术可以有效减轻治理工作量，需要将企业的隐患进行分级管理，是以隐患的整改、治理和排除的难度及其影响范围为标准进行划分的。为突出隐患与事故的关联性，将企业生产安全隐患（即事故隐患）划分为4级，即：一般隐患、较大隐患、重大隐患和特别重大隐患。

① 一般隐患：是指可能导致一般事故的隐患，蓝色预警。

② 较大隐患：是指可能导致较大事故的隐患，黄色预警。

③ 重大隐患：是指可能导致重大事故的隐患，橙色预警。

④ 特别重大隐患：是指可能导致特别重大事故的隐患，红色预警。

（3）事故隐患认定。事故隐患认定有两个方面的依据。

① 首要依据：包括国家法律、法规、规章、标准等的要求；企业自身各项安全生产管理制度、操作规程、应急预案等的规定；安全评价报告、上级安

全检查结果等提出的问题。

② 参考依据：包括专家意见建议；事故经验教训；推荐性标准；国际标准；其他企业先进经验等。

3.水泥企业设备设施风险辨识方法

水泥企业应开展风险分级管控与隐患排查治理工作，建立完善的运行机制。目前，对水泥企业各生产工序或设备等，可采用LEC法比较方便，但需要经专家评估确认，才可以列表管控，结合隐患排查的情况，建立一套完善的“双预防”机制。现将水泥企业回转窑检修活动进行风险辨识和分级方法举例如表7-2所示。

表7-2 回转窑检修风险辨识表（举例，*D*=LEC）

危险源	可能导致的事故	风险评价				风险程度	控制措施
		L	*E*	*C*	*D*		
检修时闸刀开关处不挂牌	触电	6	2	3	36	低风险	需注意，检查时必须拉闸挂牌
回转窑检修时窑内存在高温物料	灼烫	6	2	7	84	一般风险	引起重视，检修前窑内高温物料必须排除干净
预热器高温物料	灼烫	6	2	7	84	一般风险	引起重视，进窑内检修时首先要关闭预热器四、五级翻板阀
检修中窑口未搭设过桥	其他伤害	6	2	3	36	低风险	需注意，进窑内检修时要在窑口搭设安全牢固的过桥，并加设防护栏
处理窑内结球结圈时措施不当	机械伤害	6	2	3	36	低风险	需注意，站位适当,注意力集中,专人监护
窑内使用工具措施不当	机械伤害	6	2	3	36	低风险	需注意，正确使用各种工具，使用前进行安全确认
抛掷工器具	机械伤害	6	2	3	36	低风险	需注意，检修作业中，严禁抛掷工具
在窑筒体上检修未系安全带	其他伤害	6	2	7	84	一般风险	引起重视，在窑筒体上检修一定要按规定正确系好安全带

续表

危险源	可能导致的事故	风险评价				风险程度	控制措施
		L	*E*	*C*	*D*		
使用的工具存在缺陷	其他伤害	6	2	7	84	一般风险	引起重视，检修前对所要使用的工具一定要认真进行检查确认无缺陷后方能使用
粉尘	其他伤害	6	6	1	36	低风险	需注意，劳动保护用品穿戴齐全，配发防尘口罩并按要求佩戴

四、水泥企业生产事故案例警示

江苏某建设工程有限公司水泥厂项目窒息事故。

1.事故发生经过

2019年12月20日上午7时左右，江苏某建设工程有限公司驻安徽海×水泥股份有限公司水泥厂项目负责人陶×勇就当天清理工作进行部署后因有事外出，安排由安全员李×兵带领顾×岗、董×秋、汤×刚到矿山分厂石灰石库清理库内结皮、积料。在库内1号出料口作业人员为顾×岗，2号出料口作业人员为董×秋，出料口上方由汤×刚负责监护顾×岗，李×兵负责监护董×秋。9时20分左右，2号出料口作业人员董×秋两脚叉在出料口两侧，人坐在座绳板上，上面系着主绳（未系安全绳），当时上面有积料1吨多。监护人李×兵提醒他防止电镐工具滑下去，并系好安全绳，他说“没事”，并提出将钢丝绳放给他。当时钢丝绳在1号出料口顾×岗处，顾×岗听到对讲机呼叫后，将钢丝绳甩过去时，董×秋手中的电镐不慎滑落，董×秋弯腰伸手去抓电镐的同时，2号出料口上方的积料突然坍塌，将人压翻掉入库底。在1号出料口作业的顾×岗在接到对讲机呼叫后，从1号出料口翻到2号出料口时，发现董×秋已经掉下去，拉董×秋系的主绳也拉不动后，就从库底上来与汤×刚一起到3号库出料口扒料。上面监护人员李×兵在拉不动主绳的情况下，迅速赶到3号库2号出料口用手扒料，并向安全员章×萍报告。水泥厂章×萍接到李×兵电话报告后，于9时25分左右赶到3号库出料口，看到二号板喂机上躺着一个人，脚腿朝外，章×萍也立刻参加到救援中去，并向分厂厂长刘×嵌电话汇报，同时拨打110、120。刘×嵌、李×（分厂厂长助理）、宋×（厂长助理）分别第一时间赶到现场施救。9时41分将董×秋从二号板喂机抬下，发现人已经没有呼吸，但是还对其进行人工呼吸和心肺复苏急救。10时04分急救中心赶到现场对董×秋进行急救，10时13分医务人员确认董×秋死亡。派出所封锁了事故现场，并对相关人员开展了调查询问。

2.原因分析

董×秋安全意识淡薄，盲目进入有限空间作业，在高处作业时未系安全绳，明知上方有积料，仍违章作业，不注意自身安全防护，导致事故发生，这是直接原因。

另外，江苏某建设工程有限公司未认真落实安全生产主体责任，安全管理松弛，对员工的安全教育培训不到位，且项目负责人在作业期间擅离职守。安徽海×水泥股份有限公司水泥厂未对承包单位的安全生产工作统一协调、管理，安全管理存在漏洞，对江苏某建设工程有限公司正在施工作业的有限空间现场安全监督检查不力。这是导致事故的间接原因。

思考题

1.简述建材工业的生产工艺特点。

2.简述浮法玻璃制造过程及主要风险。

3.简述水泥生产工艺与安全管理要求。

4.简述常见玻璃、水泥生产的事故风险。

5.简述水泥生产过程中可能涉及的粉尘危害工艺及其预防措施。

第八章
纺织工业安全管理

第一节 概 述

纺织行业主要是将初级的棉、毛、丝绸等原材料经过一定的加工手段后形成服装等日用品原料的工业行业。纺织业的分类非常广泛，根据国民经济行业分类，纺织业属于制造业门类，主要包括棉纺织及印染精加工、毛纺织及染整精加工、麻纺织及染整精加工、丝绢纺织及印染精加工、化纤织造及印染精加工、针织或钩针编织物及其制品制造、家用纺织制成品制造、产业用纺织制成品制造等八个子行业。

一、纺织工艺流程

纺织工艺流程包括纺纱工艺和织造工艺两部分。

纺纱工艺流程主要包括：清棉、梳棉、精梳、并条、粗纱、细纱、络筒、捻线、摇纱。

织造工艺流程主要包括：整经、浆纱、穿经、织造、整理。

二、纺纱工艺流程

1.清棉工序

清除原棉中的大部分杂质、疵点及不宜纺纱的短纤维。

2.梳棉工序

对清棉工序下机的棉卷经过刺辊、锡林、盖板、道夫等工序进行分梳、除杂、混合成棉条入筒。

3.精梳工序

精梳机主要完成以下工作：

（1）除杂：清除纤维中的棉结、杂质和纤维疵点。

（2）梳理：进一步分离纤维，排除一定长度以下的短纤维。

（3）牵伸：将棉条拉细到一定粗细，并提高纤维平行伸直度。

4.并条工序

并条机主要完成以下工作：

（1）并合：用6～8根棉条进行并合，改善棉条长片段不匀。

（2）牵伸：把棉条拉长抽细到规定重量，并进一步提高纤维伸直平行程度。

（3）混合：利用并合与牵伸，根据工艺在并条机上进行棉条混合。

（4）成条：将圈条做成成型良好的熟条，有规则地盘放在棉条筒里。

5.粗纱工序

主要设备是粗纱机，对并条合成的熟条经过牵伸、加捻，使纱条具有一定的强力，以利于粗纱卷绕，并有助于纱条在细纱机上的退绕。

6.细纱工序

主要设备是细纱机，将粗纱牵伸拉细到所需细度，并加捻，形成具有一定捻度和强力的细纱并卷绕在筒管上。

7.络筒工序

主要设备是络筒机，是将捻线机上下来的管纱重新卷绕成一定形状、容量大的筒子，同时消除纱线上的杂质和疵点，从而提高后续工序的生产率。

8.捻线工序

原丝加捻的目的是增加其紧密性，合股加捻的目的除了增加紧密性外，还可改变其卷装形式和线密度，以满足后加工和使用要求。

9.摇纱工序

把管纱或筒子纱重新卷绕成规定重量的绞纱的工艺过程。

三、织造工艺流程

1.整经工序

主要设备是整经机，按工艺设计要求，把一定根数的经纱，按规定的长度、幅宽，在一定张力的作用下平行卷绕在经轴上。

2. 浆纱工序

主要设备是浆纱机，为了让丝的单纤维相互粘结，增加丝的断裂强度，以利于上机的顺利织造。把整好的经轴放在浆纱机上，经过吸浆，通过烘箱烘干。

3. 穿经工序

主要设备是穿经机，将经轴上的每一根经纱根据工艺设计要求，按照一定的次序穿入综丝和钢筘，并在经纱上插放停经片，确定织造环节一切顺利。

4. 织造工序

主要设备是梭织机，将经轴在梭织机上通过梭子导纬纱，按工艺要求交织成坯布，并卷绕成布卷。

5. 整理工序

织造→验布→（刷布）→（烘布）→折布→修补→打包→成品入库。

四、印染

原布准备、烧毛、退浆、煮练、漂白、丝光、后整理。

五、成衣

1. 服装设计

一般来说，大部分大、中型服装厂都有自己的设计师，由其设计服装款式系列。

2. 纸样设计

将标准纸样进行放大或缩小的绘图，称“纸样放码”，又称“推档”。

3. 生产准备

对生产所需的面料、辅料、缝纫线等材料进行必要的检验与测试，材料的预缩和整理，样品、样衣的缝制加工等。

4. 裁剪工艺

把面料、里料及其他材料按排料、划样要求剪切成衣片，还包括排料、铺料、算料、坯布疵点的借裁、套裁、裁剪、验片、编号、捆扎等。

5. 缝制工艺

通过合理的缝合，把各衣片组合成服装的一个工艺处理过程。

6. 熨烫工艺

成衣制成后，经过熨烫处理，达到理想的外形，使其造型美观。

7. 成衣品质控制

研究产品在加工过程中产生和可能产生的质量问题，并且制定必要的质量检验标准和法规。

8. 后处理

后处理包括包装、储运等内容，是整个生产过程中的最后一道工序。

第二节　纺织企业危险源辨识

纺织行业中的棉、毛、麻、丝绢、化纤和针织等纺织作业主要工艺相似，染整加工工艺流程也是类似的，因此以棉纺织和染整加工工序为例进行危险源辨识。

一、棉（麻、毛、丝绢、化纤和针织）纺织加工危险源辨识

棉（麻、毛、丝绢、化纤和针织）纺织加工过程中存在的危险源见表8-1。

表8-1　棉（麻、毛、丝绢、化纤和针织）纺织加工危险源辨识

序号	场所/环节/部位	较大危险源	易发生事故类型
1	清梳棉	（1）开松过程打击金属块、丝等杂物产生金属火花，设备、管道摩擦、撞击产生金属火花； （2）电气火花、违章动火和吸烟等点火源； （3）原料缠绕转动轴发热等引发火灾	火灾、中毒和窒息

续表

序号	场所/环节/部位	较大危险源	易发生事故类型
2	从抓棉至成卷的机械打手观察窗、检修门、轧点、传动、旋转，以及平台等部位	（1）机械打手观察窗、检修门损坏或联锁装置缺失、无效，无警示标识； （2）机械轧点部位防护装置缺失或生头板缺失，无警示标识； （3）机械传动、旋转部位防护装置缺失，无警示标识； （4）操作平台无防护栏或防护栏高度设置不符合要求； （5）处理故障违规操作； （6）擅自拆除联锁装置、防护装置； （7）不采取生头板操作	机械伤害、高处坠落
3	锡林抄针门、刺辊后车肚，以及传动、旋转等部位	（1）锡林道夫三角区无防护装置或联锁装置缺失、无效； （2）刺辊后车肚无防护门，联锁装置缺失、无效，无警示标识，违规清洁刺辊后车肚	机械伤害
4	滤尘室	（1）滤尘室部位设置不当； （2）滤尘室通风系统不良或滤尘除尘失效； （3）粉尘爆炸危险区域电气设备的选用和安装不符合要求，在粉尘云状态时发生电气短路及燃烧，导致粉尘爆炸； （4）有违章动火和烟头、打火机等外来火种； （5）粉尘、纤维、花絮积聚，发生自燃	其他爆炸、火灾、中毒和窒息
5	纱（线）烧毛	（1）燃气管道腐蚀、超压等原因造成燃气泄漏； （2）避雷、接地设施缺失、无效，遭受雷电或静电聚积； （3）机械运转发生故障等导致纱或布燃烧，造成火灾； （4）通风不良导致局部燃气积聚，易产生爆炸	火灾、爆炸
6	浆纱	（1）隔热防烫措施不落实； （2）潮湿环境导致绝缘失效	灼烫、触电

续表

序号	场所/环节/部位	较大危险源	易发生事故类型
7	丝绢行业的缫丝场所电气设备	高湿度环境导致电气腐蚀	触电和火灾
8	毛纺行业的洗毛作业	酸洗作业劳动防护用品配备或使用不当	化学灼伤
9	麻纺行业的脱胶作业	使用含氯物质作业不当造成氯气伤害	急性中毒
10	化纤纺丝工序中筛料、干燥、纺丝、卷绕、成型等触及可燃、易燃原料的加工	（1）联苯醚泄漏，遇高热、明火或与氧化剂接触，引起燃烧； （2）有违章动火和烟头、打火机等外来火种； （3）纤维、花絮积聚，发生自燃； （4）电气火灾； （5）联苯醚泄漏燃烧（分解）产生有害气体； （6）法兰漏浆、联苯醚泄漏、喷丝板堵塞造成高温烫伤	火灾、中毒和窒息、烫伤
11	化纤纺丝、集束、牵伸、卷曲、烘干、切断等生产环节	（1）有违章动火、吸烟等外来火种； （2）通风管道不畅积淀物起火； （3）电气火灾； （4）浸胶箱燃气泄漏	火灾
		（1）纺丝生头时产生硫化氢废气造成人员中毒； （2）调料间化工料毒物泄漏； （3）通风不良、废气排放受堵； （4）纤维燃烧产生有毒烟雾	中毒
		（1）蒸汽泄漏； （2）牵伸热板灼伤； （3）辊筒烫伤； （4）黏胶液体喷出伤人； （5）纺丝酸液溅入眼睛； （6）纺丝箱体和喷丝组件高温介质意外逸出或泄漏； （7）纺丝浆液管路阀门误操作； （8）生头出浆液操作人员站立位置不正确； （9）未穿戴或不正确使用防护用品	灼烫

二、染整加工危险源辨识

染整加工过程中存在的危险源见表8-2。

表8-2　染整加工危险源辨识

序号	场所/环节/部位	较大危险源	易发生事故类型
1	印染和漂染工序中双氧水、酸、碱、雕白粉（吊白块）等危险化学品	（1）双氧水储存时靠近热源或温度过高，未与易（可）燃物等分开存放，缺少泄漏应急处理措施； （2）烧碱、硫酸、盐酸在丝光、蜡染过程中蒸发雾化后对皮肤、黏膜等组织有强烈的刺激和腐蚀作用，严重时烧伤皮肤； （3）雕白粉在漂白过程中分解产生有毒气体，能使作业人员头痛、乏力	其他爆炸、火灾、中毒和窒息、化学灼伤等
2	印染和漂染工序中织物漂白的保险粉（连二亚硫酸钠）	保险粉储存不当，遇潮、遇热、遇水等情况会引起自燃、燃烧和爆炸，释放有毒气体	火灾、其他爆炸、中毒和窒息
3	磅料配料（磅料配料室）	酸、碱、各种助剂等化学品因操作不当或缺少个体防护而与人体直接接触造成伤害	化学灼伤
4	染色（高温染罐）	染罐安全附件失效、操作不当导致超压	容器爆炸
		染罐未完全泄压情况下开启	灼烫、物体打击

三、服装加工危险源辨识

服装加工过程存在的主要危险源见表8-3。

表8-3　服装加工过程存在的危险源辨识

序号	场所/环节/部位	较大危险源	易发生事故类型
1	裁剪	推刀操作不佩戴防护手套	机械伤害
2	缝纫	砸扣机操作不当砸手	机械伤害
3	整烫	熨斗用完不放置在指定位置或装置上	灼烫火灾
4	压胶机	压胶机操作不当压手	机械伤害

另外，还有其他公共部分如电气线路及设备、特种设备、仓储、厂房、危险作业、机械设备和操作、职业健康、劳动保护用品、维修保养和检修、打包作业等工序都需要逐一辨识，列出清单，提出管控办法，实现安全管理的目的。

第三节 纺织企业生产安全管理标准化

纺织企业通过安全生产标准化创建工作，使企业各部门的职责更加清晰，责任更加明确，切实做到由经验管理向制度化管理的转变、由事后处置向事前预防的转变、由少数管安全向全员参与的转变，即“三个转变”。进一步落实了企业主体责任和“一岗双责”的要求，建立了“全覆盖、无死角、零容忍”的安全风险预防控制体系和隐患排查治理体系，把“纵向到底与横向到边”，“分线管理与分级负责”，“人防、技防与物防的协调”上升到了系统化、标准化的工作层面，同时实行企业风险分级管控与隐患排查双重预防机制，以实现安全生产的目标。所以，在纺织企业的设计、生产和管理过程中，应从防火、防尘、防爆等风险角度，提出本质安全设计的要求，以便于开展安全生产标准化创建工作。

一、典型纺织工艺设备作业安全

纺织工业旋转设备多，操作过程中易发生卷伤、切割等机械伤害，因此需要给设备配备机械连锁装置或防护罩，同时也必须配备急停装置。传动系统箱体应有防尘措施和防止随意开启的闭锁措施，只有在经过作业审批和许可的情况下，才能打开传动系统箱体，须严格遵守安全操作规程，杜绝事故发生。

（一）开清棉设备作业安全

抓棉机吸斗观察窗必须配备机械和电气联锁，机械联锁装置的销杆与观察窗的长度不小于50mm，间隙不大于20mm，抓棉机打手的抓棉口处应有护栏，抓棉设备必须配备上、下定位装置，平台式抓棉机必须配备运行碰撞自停装置和防止误入的隔离措施。

混开棉机滚筒部位必须配备机械和电气联锁，滚筒顶盖的机械联锁的锁杆长度不小于设备宽度的三分之二，打手部位应同时配备机械和电气联锁，观察窗应使用不易破碎的有机玻璃。

清棉机打手传动轴应配置轴套，危险点应有联锁装置。开棉机打手部位应配备机械和电气联锁，机械联锁销杆的长度必须大于观察窗30mm，观察窗与打手距离不小于800mm。成卷机紧压罗拉手轮处应加装防护板，手轮弹簧必须处于松弛状态，各传动部位必须加装防护栏或防护罩。成卷机综合打手处必须配备机械或电气等联锁装置，机械联锁与观察窗的上下间隙不大于20mm，压辊棉层输出部位必须安装生头器，或配置生头板。

在抓棉机吸斗观察窗、混开棉机滚筒部、开棉机打手等存在打击伤害部位，如没有配备机械和电气联锁，应加锁，开锁钥匙由当班值班长保存，当转动机械完全停稳后，才能开锁处理故障。

梳棉机有安全警示标志，联锁装置灵活有效，各传动部位应安装安全防护罩。剥棉部位应安装安全防护罩，上绒辊应安装绒辊防绕断电限位装置。

精梳机传动部位安全防护罩必须安装断电限位装置，分离皮辊安全防护罩应齐全，抬高超过200mm时，联锁装置应灵敏启动。车头车尾自停开关、工艺自停装置有效。

细纱机车头传动齿轮安全门应有安全断电限位装置。游动电机及导轨应完整、牢固可靠。计长表、导纱横动装置、车头、车尾应安装安全防护罩。车头、车尾厢门的门钩、插门应配有自锁装置。

（二）织造设备作业安全

整经机经轴两端必须设置满足标准要求的安全防护罩，并应设置自停保险装置。主电机摩擦盘皮带、落轴电机传动部位、制动锯齿轮等处安全防护罩应牢固。游动风扇电机及导轨应完整、牢固。

浆纱机传动部位、齿轮、链轮必须设置满足标准要求的安全防护罩，轴、辊露出机外部位应安装轴套；压力表、安全阀的工作压力应根据生产工艺要求控制在额定范围之内；蒸汽管道、箱体、排气装置应当采取隔热防烫措施；浆纱和浆纱烘箱设备内及潮湿处的电气装置、工作照明灯具等必须采用安全电压，外壳防护等级符合防水、防潮要求。

有梭织机传动部位应设置安全防护罩。梭子运行过程中应设置防飞梭装置和防护挡板。探针及换梭作用良好、飞梭装置完好。三大关车（断经、换梭、轧梭）自停装置必须灵敏有效。36牙、72牙齿轮传动部位必须设置安全防护罩、送经侧轴伞齿轮、送经蜗杆安全防护罩均应完整、牢固可靠。

无梭织机各种气管、气阀、油管、油阀等不允许漏气、漏油、堵塞。断经、断纬必须停车，检修开关电气联锁可靠有效。

针织大圆机油箱处于完好正常工作状态，油路不渗油、不漏气，保证机台周围地面干净；大圆机运转状态正常，无异常振动、噪声、发热等现象。

（三）化纤工序设备作业安全

热媒系统中所有导热管道必须用压缩空气进行气密性试验，不得有泄漏，合格后方可正式投入使用。

酯化、聚合等专用设备中，各反应釜或者酯交换塔必须做到管道完整无泄漏。安全阀和压力表应齐全可靠、定期检测、合格使用。反应釜的反应装置、储罐降温设施及温度报警装置灵敏有效。联苯加热器液位标志明显清晰，温度和压力上下限位联锁报警装置、防爆片等可靠；现场应当有明显的安全警示标志。

电动葫芦必须定期检测。限位开关、钢丝绳、吊钩等设施必须安全可靠。风机等各电气设备的金属外壳必须可靠接地。

二硫化碳计量室、储库的照明、电气开关等装置应当符合防爆要求，并应装设单独的避雷装置。必须装置可靠、良好的送风、排风装置。二硫化碳的设备、管道、阀门、液面计等应当严密无泄漏。各法兰处必须装设接地片，接地良好。

磺化机、五合机等专用设备的管道必须密闭无泄漏，装设符合设计要求的防爆装置。二硫化碳管道、排毒风管、开关、法兰片等处应有接地装置。操作平台应当铺设木质地板或者橡胶地毯。磺化、五合工序使用的工具必须使用不产生火花的材料制成，严禁使用金属制成的工具。

玻璃液位管必须有安全防护装置。进出料口考克（悬浮塞）、盐水进口阀门应灵活、可靠。电动机、开关箱等电气设施应有防潮措施。

短丝纺丝机等专用设备中，联苯箱体以及直（弯）管应当完整无泄漏。安全阀和压力表应当齐全可靠、定期检测、合格使用。联苯加热器的装置应当具备液面镜、超温超压联锁、安全阀、压力表等，并且齐全可靠。熔体过滤器的前后电接点压力表、熔体压力联锁装置必须灵敏有效。

牵伸机轧点处必须设置安全挡板。各种电气安全联锁、信号装置、报警装置等应当齐全可靠。安装于高处的阀门必须灵活可靠。钩刀、剪刀要放在规定位置，以防被丝束带入设备造成意外事故。

液压打包机的油箱及液压管路必须密闭，不得有泄漏。机器各润滑处应按要求定期加注润滑油。打包机上的压力表应定期检测，显示明显、清晰。定期对打包机上的泵、阀、压力表进行调整。

（四）染整工序设备作业安全

烧毛机自动联锁点火装置要定期检查、及时维修更换。汽油、液化气或煤气的储油房、风泵、油泵等有单独的符合规范的作业间。排气隔热装置应完整、牢固可靠。烧毛间装有可燃气体浓度报警装置，并灵敏可靠。汽化器的各类阀门必须无缺损，输油泵、供油管路要确保完好畅通、无泄漏。热板烧毛设备的炉灶、炉门无破裂、漏火现象。烧毛间有良好的自然或强制通风、降温措施。防爆膜完好、可靠，符合防爆要求。

采用氯漂的生成车间内应装有有毒有害气体报警仪，同时符合氯气使用规程。漂白车间内应定期检查设备、设施、门窗等的腐蚀情况。定期监测漂槽的浓度和温度。储存漂白液的容器、池、槽均应加盖。车间和配液室应设置防腐蚀的通风排气设备。

铜辊印花机花筒轧点进口处装有插口式安全挡板或光电自动停车装置。机架上装有紧急停车的保险开关。刮浆刀用后放在专用刀架上，并加上刀口保护套。液压系统、气压系统符合要求无泄漏。定期检查花筒轴梗，发现裂纹及时更换。

平网印花机自动导布机构的顶头与筛框柱头接近剪切口处应装有机玻璃安全挡板。台板筛框架旁纬向搁置踏脚板。橡皮衬布受压小导辊应装有安全防护圈与防护托网。烘燥部分有撑挡的大烘筒，两侧应安装防护装置。车间内通风良好。印花机应安装紧急停车装置。

圆网印花机进布轧点（近打样处）应安装安全挡板或防护罩，花筒轴头应装有防护罩；机两旁设有专用的防滑排水铁栅平台，平台下有畅通的排水沟。烘燥部分大烘筒两侧应安装防护装置，车间内通风良好。

预缩机加热辊进出口处及橡胶毯上下装有安全防护网，并有灵敏可靠的电气安全联锁装置。预缩机两边装有安全防护网。采用气体燃烧的轧光机应安装防爆设施。预缩机、轧光机及磨、起、刷毛机的电气、线路定期进行检查防止老化。磨、起、刷毛机应安装吸尘装置，牢固可靠。磨、起、刷毛室及其设备定期清理，去除积尘。

（五）成衣工序部分设备

卧式、移动裁断等专用设备必须定期进行安全检测，合格有效，电气装置符合设计要求，绝缘可靠，安全防护装置完整、牢固。电熨斗等定型工具、设备应当符合移动电动工具安全设计要求，电线、插头、温控等完好无损，绝缘可靠；严格使用管理，定期进行安全检测。缝制机、拷边机、锁边机、钉扣机、锁洞机等缝纫专用生产设备涉及旋转、冲压、用刀等部位应当做到防护装置齐全、完整、安全、有效。

二、纺织企业事故案例警示

2008年1月22日，江都市某毛纺织厂散纤制条车间发生一起机械伤害事故，事故造成1人死亡，直接经济损失约35万元。

2014年12月31日19时15分左右，江西省宜春市某公司纺织厂发生火灾。此起火灾过火建筑面积3600多平方米，烧毁原材料仓库内棉花、辅料500t及部分成品纱、生产车间内部分机械设备及辅助设施，无人员伤亡，直接财产损失统计为810万余元。

思考题

1. 简述纺织生产工艺特点与安全要求。
2. 简述典型纺织生产设备的事故风险。
3. 纺织企业中毒窒息事故经常发生在哪些场所？如何预防？
4. 纺织企业如何预防火灾事故？

第九章
造纸工业安全管理

第一节　概　述

用于造纸的各种原料，企业收集后统一堆放至原料场贮存，原料经计量后，送入备料车间，经切割、除尘、洗涤、脱水后进入连蒸车间进行蒸煮并形成粗浆，粗浆经提取筛选工段除节、洗浆、筛选、除渣后进入漂白工段，浆液在漂白工段经过多段漂白及洗浆后进入储浆塔，漂白后的成浆在打浆辅料工段经双盘磨打浆后入叩后浆池，供造纸车间使用。成浆与针叶木浆板经处理形成的木浆及造纸车间的损纸形成的纸浆，按一定的比例汇集在配浆池中进行配浆，搅拌均匀后送入抄造浆池，配好的成浆在抄纸完成工段经洗浆、除渣、网部、压榨、干燥、施胶、再干燥、压光等工序，最后成纸入库。

一般的造纸生产过程，分制浆和抄纸两部分，制浆有机械法制浆和化学法制浆两种，现代多采用化学制浆。图9-1为典型的湿法备料连续蒸煮造纸工艺。

将原料切碎（备料），加化学药液并用蒸汽进行处理（蒸煮），把原料煮成纸浆。图9-2为双塔置换蒸煮工艺流程图。来自制浆车间的纸浆不能直接用来造纸，先要经过打浆对纸浆纤维进行必要的切短和细纤维化处理，以便取得纸或纸板所要求的机械和物理性能。

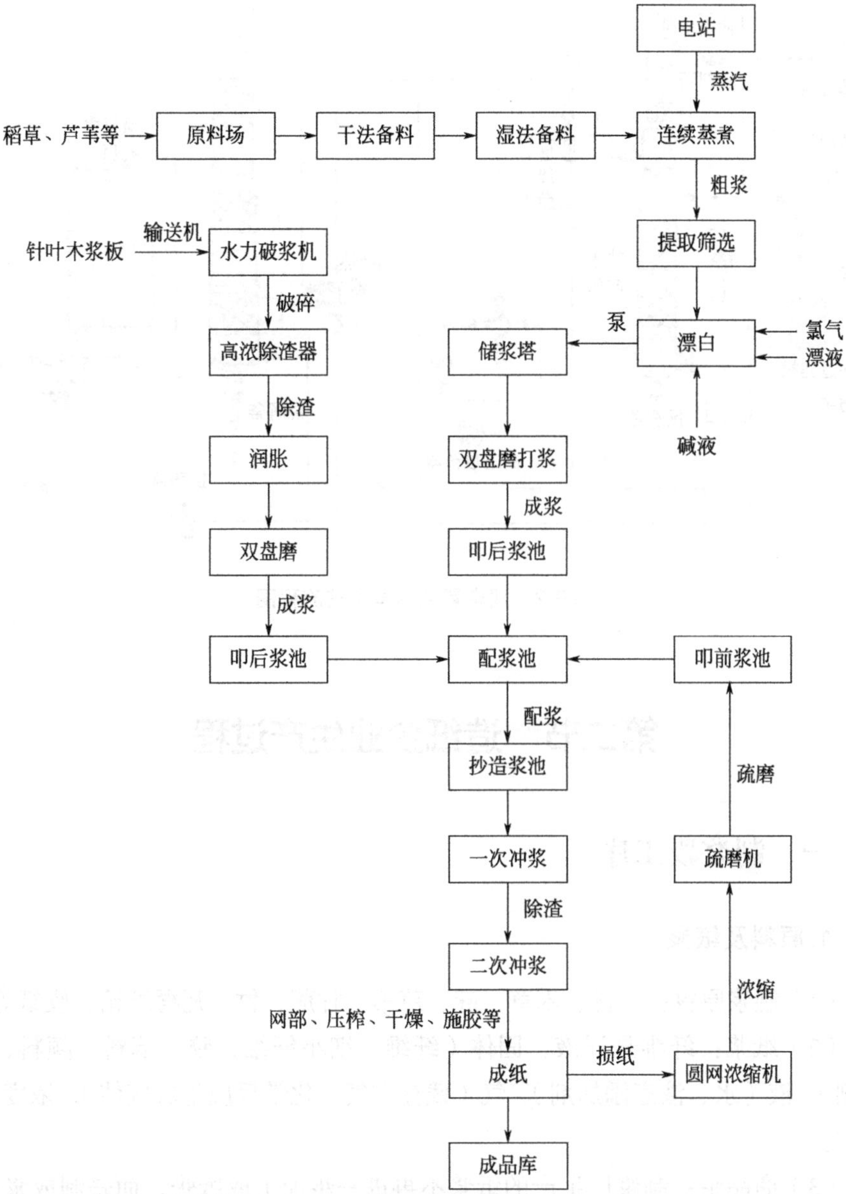

图9-1 湿法备料连续蒸煮造纸工艺

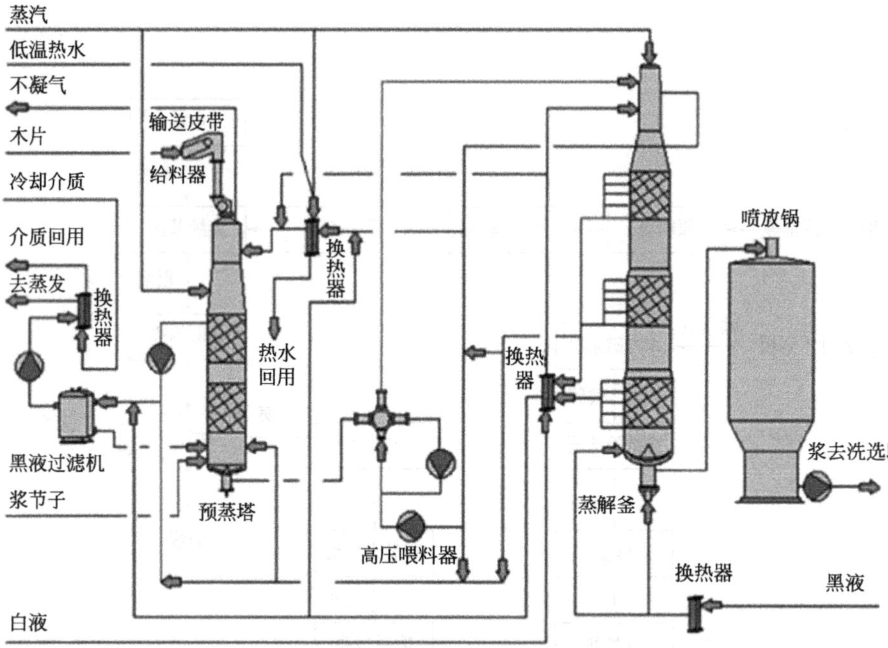

图9-2 双塔置换蒸煮工艺流程图

第二节 造纸企业生产过程

一、制浆段工序

1.原料及纸浆

（1）制浆原料：木材、禾草、麻、芦苇、甘蔗、竹、瓦楞纸箱、废纸等。

（2）纸浆：纤维悬浮液，固体（纤维、细小纤维、胶、填料、颜料、添加剂）、液（水、液态添加剂）、气（残存空气、化学反应生成气体），浓度5%左右。

（3）商品浆：制浆厂生产的纸浆不再进一步加工成纸张，而是制成浆板，或用气流干燥成棉绒状的纸浆。这种纸浆经打包后以商品出售，供无制浆系统的造纸厂或其他加工工业使用。

2. 商品浆制造

（1）化学制浆法。化学制浆法纤维破坏小，适合制造高档纸。

① 备料：原木──→剥皮──→削片──→木片筛（清除杂质）──→木片仓；

② 蒸煮：通过化学反应保留纤维素用于造纸，去掉木素；

③ 制浆：亚硫酸盐法，酸法制浆；

④ 洗涤：清除废液；

⑤ 筛选：清除杂质；

⑥ 漂白：提高白度；

⑦ 净化：提高纯度；

⑧ 烘干：去除水分，制成片或棉絮状成品。

（2）机械制浆法。

① 磨石磨木浆：将一定长度的原木送入磨木机内，利用原木与高速旋转的磨石之间的摩擦力，在磨石的挤压、剪切和摩擦作用下，使原木离解成单根纤维，再用水把纤维从磨石表面冲刷下来，即成磨木浆。

② 木片磨木浆：指木片在两个相对旋转的磨盘间，利用磨盘与木片及木片与木片之间的摩擦力，使木片先被破坏成火柴状，这些火柴状的小木条经过相互间的摩擦而离解成单根纤维制成的纸浆。

（3）化学机械制浆法。化学机械制浆法是采用化学预处理和机械磨解后处理的制浆方法。先用药剂进行轻度预处理（浸渍或蒸煮），除去木片中部分半纤维素，木素较少溶出或基本未溶出，但软化了胞间层。再经盘磨机进行后处理，磨解软化后的木片（或草片），使纤维分离成纸浆，简称化机浆（CMP）。

（4）生物制浆法。生物制浆是多项学科的组合生产工艺技术，它是以生物分解为主，配合各种物理破解与机械破解交叉组合的复合工艺，真正地实现全世界造纸行业梦寐以求的零排放、无污染、无臭味、无悬浮物、节水、节电、节煤、节省原材料、降低生产成本的愿望。

3. 制浆流程

（1）碎浆。主要依靠转盘刀片的机械作用，也依赖于浆料的相互摩擦作用，离解干浆板、纸板或废纸纤维，以便抄纸。它是从一张纸板变成一束束，甚至一根根纤维的过程。

（2）磨（打）浆。根据纸张的质量要求和使用的纸浆种类和特征，在可控的情况下用物理方法改善纤维的形态和性质，使制造出来的纸张符合预期的质量要求。它是运用机械剪切力的作用，揉搓、疏解纤维束，改变纤维形态。

（3）添加剂。

① 内部施胶剂：防渗透、防潮，如松香胶。

② 加填剂：改善光学特性和印刷适性，满足特殊性能要求（可塑性、耐热性、导电性等），节省纤维原料，降低成本，如滑石粉、白土、钛白粉、石膏。

③ 染色与调色剂：增白、加黄、调灰等。

④ 湿强剂：增加纸的湿强性能，即完全浸水后的纸张强度。

⑤ 干强剂：增加干纸的强度，一般打浆时使用。制浆浓度影响纸张强度，但浓度高，打浆成本也高，同时其他撕裂、透气、稳定性会降低。

⑥ 助留、助滤和分散剂：助留剂——提高填料和细小纤维的留着率；助滤剂——改善滤水性能，提高脱水速率；分散剂——使纤维在浆液中不絮聚。

⑦ 其他助剂：除气剂、消泡剂、防腐剂、树脂控制剂、柔软剂、抗静电剂、阻燃剂、防水剂、絮凝剂。

4.供浆系统

（1）贮浆池：贮存制浆车间制好的成浆。贮浆池一般有立式和卧式二种，池内装有桨叶式、涡轮式、螺旋桨式和外流循环泵式等搅拌装置。

（2）调量和稀释：控制送浆量均匀，稀释浆料浓度。

（3）除渣：根据杂质与纤维密度不同而进行分离（重质、轻质），减少纸浆各种杂质含量，提高原纸抗张、耐破等各种物理性能。

（4）筛选：利用杂质与纤维的尺寸大小和形状不同，将良浆和渣浆分离。那么，良浆纸的物理性能，如抗张、耐破、耐折比渣浆纸好。

（5）脱墨：油墨从纤维中脱离处理，油墨粒子与微小气泡相撞并吸附在气泡上，随着气泡浮至浆层表面，被刮板刮走，提高浆料的白度。

（6）热分散：经过加热、搓揉、挤压使胶黏物细化，变成40μm以下，看不见的细小颗粒。胶黏物危害：影响外观（与原纸颜色不协调）、容易导致纸病（降低原纸强度）。

二、造纸段工序

1.流浆箱

在浆料中加入化学药品以增强纸页强度、提升纸机抄造性能，然后沿着纸机的横幅全宽均匀、稳定地分布纸料。

影响参数：匀度、抗张、吸水、定量。

2. 网部

浆料通过重力、真空抽吸、刮刀等作用脱水，形成湿纸页。
影响参数：含水率、吸水。

3. 压榨部

用机械方法挤出由网部出来的湿纸页的水分，提高纸页的干度。
作用：改善纸页表面性质，消除网痕和增加平滑度、紧度和各种物理强度。

4. 干燥

把湿纸烘干到标准水分，并使全幅水分均一，纵向水分连续稳定。作用是提高纸的强度、平滑度。

（1）施胶：在纸浆或纸页表面添加抗水性物质，使纸页具有延迟流体的渗透性能。

影响参数：吸水。

作用：提高纸的强度、平滑度。

（2）压光：通过上下辊的加压使达到需要的紧度，并对纸面起到一定的修饰作用。

影响参数：平滑度、光泽度、厚度和纸幅的均匀性。

（3）卷取：把纸幅卷成一定直径的纸卷，以利于进一步加工。

（4）分切、复卷：把卷取的母卷分切成客户需要的直径、门幅，并进行计量称重，标识后输送入库。

影响参数：原纸直径、门幅、松紧度。

三、化学品作用

1. 施胶

目的：使纸或纸板具有抗拒液体（特别是水和水溶液）扩散和渗透的能力。
两种：表面施胶、浆内施胶。

表面施胶指的是湿纸幅经干燥部脱除水分至定值后，在纸的表面均匀地涂施适当的胶料的工艺过程。

原纸吸水性、平滑度、光泽度增加。

2. 填料

纤维交织，有许多细小的空隙，使纸面粗糙凹凸不平，印迹深浅不一，模糊不清。

填料将纤维之间空隙填平，改进纸张的柔软性和可塑性，经过压光处理后，纸张更为平滑、匀整，手感好，提高其适印性能。

原纸平滑度、白度、不透明度均增加。

3. 染色

纸张染色是在浆料中加入某一色料，使其有选择性地吸收部分可见光，达到客户所要求的色泽。

4. 调色

在漂白纸浆中加入少量的蓝色、紫蓝色或紫红色，使与漂白纸浆中相应呈现的淡橙、浅黄或橙黄色起互补的作用而显出白色。

染色目的是生产色纸，调色目的是提高纸张白度。

5. 干强剂

具有极性羟基，与纤维之间能形成氢键，提高纸的裂断长、耐破度。

第三节　造纸企业常见事故及预防措施

造纸企业按照行业划分属于轻工行业，然而在安全生产工作上却一点也不“轻”。行业内非常典型的事故类型包括：硫化氢气体中毒、机械伤害、触电伤害、车辆伤害、压力容器伤害、火灾伤害等。这些事故会反复在造纸企业内出现，每年都有人员伤亡。随着全社会对安全工作的关注度越来越高，预防和控制生产安全事故成了企业不可回避、不能逾越的一件大事。

一、造纸企业常见事故

1. 中毒和窒息

造纸企业主要的事故风险是硫化氢气体中毒，有限空间作业时硫化氢气体最高容许浓度为10mg/m^3。若发生中毒情况，施救不科学的话，将导致多人员伤亡的事故。废气产生的原因是企业纸浆池残余纸浆沉淀日久发酵凝固，纸浆池表面发生硬化，内部形成沼泽效应，含有浓度较高的混合气体。其直接原因是，工作场所内存在硫化氢气体，员工因缺乏对毒害气体的防范意识，进入工作场所吸入有毒气体后中毒，导致死亡。这类事故在造纸厂以及带有浆池（废水池、污水池）的相关企业经常发生。

此外，造纸企业还有由氯气、氨气、过氧化氢、天然气等引发的气体中毒或爆炸事故。

2. 火灾事故

造纸企业的火灾事故也是非常容易发生的。如备料车间设有料仓，用于存储草片（切碎的稻草），由于草类原料燃点较低，组织疏松中空，与空气接触面大，故遇火星即燃。另外，草类原料具有自燃的特性。当原料堆垛被雨水浸湿或原料本身含水量超过20%，不及时翻晒，因微生物的作用，会引起原料腐败、发酵，导致温度上升，当热量积蓄到一定程度时，纤维分解而剧烈氧化，发生自燃。如果皮带运输机、切草机润滑不好或由于其他故障转动不灵，摩擦产生温升，稻草在皮带运输机上输送时或在切草机里切碎时都会产生燃烧，从而可能引发火灾。

3. 粉尘爆炸

备料车间及料仓在生产过程中会产生大量的粉尘，这些粉尘散发到空气中，粉尘浓度可能会在局部区域出现超标的现象，若除尘措施和防护措施不良，一旦遇火燃烧，会发生强烈的氧化反应，同时放出大量的热量，形成爆炸，引起火灾。同时又会产生连锁反应，引起连锁爆炸。若某一点上的粉尘爆炸后，所产生的高温火焰，又可作为新的火源，引起另一点的粉尘爆炸，或者由于爆炸冲击波，将大量落地粉尘吹扬起来，形成新的爆炸物，再次爆炸。

4. 特种设备伤害事故

制浆造纸企业在生产过程中使用的特种设备主要包括以下几种。

（1）压力容器，主要有以下几类：

① 蒸球、蒸煮锅，属于反应压力容器，用于制浆工艺蒸煮浆料；

② 造纸烘缸，属于换热压力容器，用于纸机干部，烘干纸张；

③ 分汽包，属于压力容器，用于制浆造纸工艺高、中压蒸汽的分流；

④ 储气罐，属于储存类压力容器，用于压缩空气的储存。

（2）起重机械：主要包括桥式起重机、流动式起重机，用于制浆造纸设备检维修作业和成品纸件的吊装输送。

（3）压力管道，主要指蒸汽管线。

（4）厂内机动车辆，主要指叉车，用于成品纸件的装卸作业。

其中，压力容器和压力管道属于承压类特种设备，起重机械和厂内机动车辆属于机电类特种设备。

5. 连蒸设备事故

（1）蒸煮器反喷。蒸煮器对稻草进行蒸煮，浸渍后的料片由螺旋喂料器送入进料管内，同时螺旋喂料器将料片挤压成“料塞”以密封住蒸煮管内的蒸汽，如喂料器形成的“料塞”密度不够，构成的压力密封不足以抵挡蒸煮管内压力，则会发生蒸煮器内浆料、蒸汽、碱液沿着料塞管反向喷出的事故，一方面会造成蒸煮系统故障，另一方面会危及操作人员的人身安全。

（2）蒸煮器爆炸。连蒸车间中使用到的蒸煮器为压力容器，最高蒸煮压力为0.39～0.54MPa。压力容器的本体、接口部位、焊缝等有裂纹、变形、过热、受到介质严重腐蚀时将会导致蒸煮器爆炸。且容器内含有蒸煮液、蒸汽、浆料等物质，一旦发生爆炸或泄漏，会造成人员伤亡、烫伤及灼伤，泄漏出的蒸煮液会对设备造成腐蚀。

6. 提取、漂白车间事故

（1）氯气泄漏。浆液漂白采用三段连续式漂白系统，漂白过程中用到了液氯、碱液、漂白液等物质。制漂白液过程中也用到了液氯。其中氯气毒害性较严重，具有窒息气味，对人的呼吸器官有强烈的刺激作用，有限空间作业氯气浓度判定上限为$1mg/m^3$，液氯在贮存、搬运、气化、加氯、漂白等过程中，操作人员未正确佩戴防护用具，作业场所通风不良，未设置碱液池的安全设施，一旦发生氯气泄漏，将会引起重大的人员伤亡事故。

（2）黑液泄漏。洗浆过程中如各排污管道未关闭；水脚管线上所有软管、短管及其法兰连接不紧密；分配阀、密封法兰等填料密封调整不当、黑液槽因腐蚀或外力作用破损等，会发生浆液及黑液跑、冒、滴、漏的现象，对设备造成腐蚀，对作业环境造成污染。

二、造纸企业中毒事故预防措施

造纸企业经常出现有限空间作业的安全事故，主要是中毒事故，如硫化氢、氯气、氨气等，若处置不当还会发生爆炸事故。有限空间的中毒事故预防措施建议如下。

1.开展有限空间辨识和专项检查

按照应急管理部组织编制的《有限空间作业安全指导手册》，深入排查、辨识企业的有限空间，确定有限空间的数量、位置以及危险有害因素等基本情况，建立有限空间管理台账，并及时更新。

同时，组织安全管理、工艺技术、设备管理等人员进行全面细致的自查；发现问题立即整改，一时难以整改的，要制定整改方案，按照措施、责任、资金、时限和预案“五落实”的要求，限期整改完成。

2.设置安全警示标识

在可能存在硫化氢气体的部位设置安全警示标志和硫化氢等毒害气体安全技术说明书，安全警示标志必须符合《图形符号 安全色与安全标志 第5部分：安全标志使用原则与要求》（GB/T 2893.5）。

3.强化岗位专业知识教育培训

根据相关法律法规，强化企业主体责任，明确岗位职责。对可能存在硫化氢等有毒害气体作业的岗位、现场负责人、监护人员、作业人员、应急救援人员（含外来劳务人员、外包单位作业人员等）进行专项安全培训。提升专业知识认知水平，及时做好硫化氢等毒害气体的危险有害因素风险辨识与事故防范措施，遵守安全操作规程，正确使用劳动防护用品，掌握应急处置方法等。

4.配备齐全有效的报警和应急救援设备设施

在进入有限空间作业前，必须遵守“先通风、后检测、再作业”的原则。因为有限空间的通风不畅，有毒有害气体也比较容易聚集，容易导致含氧量不足，造成窒息。同时，做好应急预案，在有可能存在硫化氢等毒害气体的部位作业时，应按照规定为作业人员提供必要的检测、报警和个人防护装备，作业中要按照“先通风、再检测、后进入”进行施工。一旦发生中毒窒息事故，要按照事故应急救援预案的相关要求佩戴相应防护用品组织施救，防止盲目施救引发次生事故。

第四节　造纸企业安全风险评价方法

一、有限空间作业安全风险评价

造纸工业存在大量的有限空间，主要包括各种封闭、半封闭浆液池，储罐、塔、箱、压力容器、管道等设备有限空间，还有地下室、地下暗沟、地坑、地下池、沟、井沟等。很多致命的有限空间事故的发生都与所在空间内各种危险因素未得到重视有关，而这些危险因素既可能在员工进入有限空间之前就已存在，也可能是由于在其间的活动形成。清洗大型水池、水箱等有限空间内作业时若监管不力或安全防护装置失效，有导致人员伤亡的危险。因此，造纸工业有限空间作业风险比较高，应引起高度重视。有限空间作业事故类型及其原因的逻辑关系可用图9-3所示的事故树进行分析。

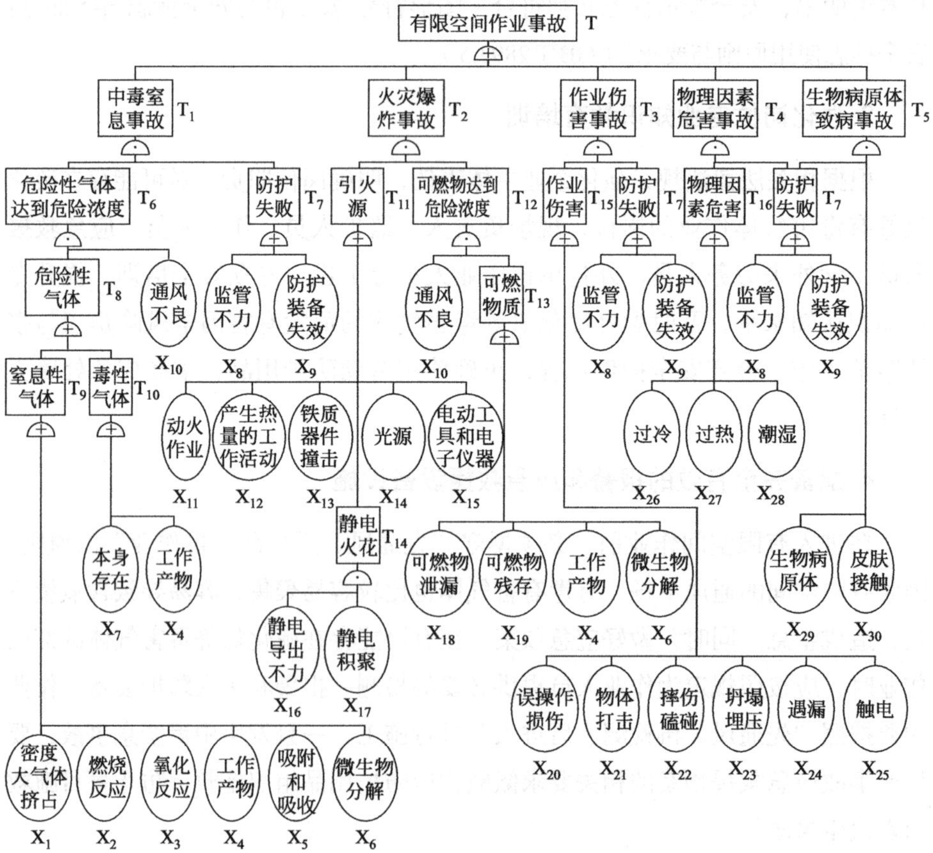

图9-3　有限空间作业事故树

事故树最小割集如下式：

$$
\begin{aligned}
T= & T_1+T_2+T_3+T_4+T_5=T_6T_7+T_{11}T_{12}+T_{15}T_7+T_{16}T_7+X_{29}X_{30}T_7 \\
= & (X_1+X_2+X_3+X_4+X_5+X_6+X_7+X_4)(X_8X_{10}+X_9X_{10}) \\
& +X_{10}(X_{11}+X_{12}+X_{13}+X_{16}X_{17}+X_{14}+X_{15})(X_{18}+X_{19}+X_4+X_6) \\
& +(X_{20}+X_{21}+X_{22}+X_{23}+X_{24}+X_{25})(X_8+X_9)+(X_{26}+X_{27}+X_{28}+X_{29}+X_{30})(X_8+X_9) \\
= & X_1X_8X_{10}+X_2X_8X_{10}+X_3X_8X_{10}+X_4X_8X_{10}+X_5X_8X_{10}+X_6X_8X_{10}+X_7X_8X_{10} \\
& +X_1X_9X_{10}+X_2X_9X_{10}+X_3X_9X_{10}+X_4X_9X_{10}+X_5X_9X_{10}+X_6X_9X_{10}+X_7X_9X_{10} \\
& +X_{11}X_{10}X_{18}+X_{12}X_{10}X_{18}+X_{13}X_{10}X_{18}+X_{14}X_{10}X_{18}+X_{15}X_{10}X_{18}+X_{16}X_{17}X_{10}X_{18} \\
& +X_{11}X_{10}X_{19}+X_{12}X_{10}X_{19}+X_{13}X_{10}X_{19}+X_{14}X_{10}X_{19}+X_{15}X_{10}X_{19}+X_{16}X_{17}X_{10}X_{19} \\
& +X_{11}X_{10}X_4+X_{12}X_{10}X_4+X_{13}X_{10}X_4+X_{14}X_{10}X_4+X_{15}X_{10}X_4+X_{16}X_{17}X_{10}X_4+X_{11}X_{10}X_6 \\
& +X_{12}X_{10}X_6+X_{13}X_{10}X_6+X_{14}X_{10}X_6+X_{15}X_{10}X_6+X_{16}X_{17}X_{10}X_6+X_{20}X_8+X_{21}X_8 \\
& +X_{22}X_8+X_{23}X_8+X_{24}X_8+X_{25}X_8+X_{20}X_9+X_{21}X_9+X_{22}X_9+X_{23}X_9+X_{24}X_9+X_{25}X_9 \\
& +X_{26}X_8+X_{27}X_8+X_{28}X_8+X_{26}X_9+X_{27}X_9+X_{28}X_9+X_{29}X_{30}X_8+X_{29}X_{30}X_9
\end{aligned}
$$

转化为结构函数式可得最小割集为58个，根据各基本事件在最小割集中出现的频率，由近似判断法得出结构重要度（I）：

$$I_{(1)}=I_{(2)}=I_{(3)}=I_{(5)}=I_{(7)}=\frac{1}{58}\times\left(\frac{1}{3}\times2\right)=\frac{8}{696};$$

$$I_{(4)}=I_{(6)}=\frac{1}{58}\times\left(\frac{1}{3}\times2+\frac{1}{3}\times5+\frac{1}{4}\right)=\frac{31}{696};$$

$$I_{(8)}=I_{(9)}=\frac{1}{58}\times\left(\frac{1}{3}\times7+\frac{1}{2}\times11\right)=\frac{94}{696};$$

$$I_{(10)}=\frac{1}{58}\times\left(\frac{1}{3}\times14+\frac{1}{3}\times20+\frac{1}{4}\times4\right)=\frac{148}{696};$$

$$I_{(11)}=I_{(12)}=I_{(13)}=I_{(14)}=I_{(15)}=\frac{1}{58}\times\left(\frac{1}{3}\times4\right)=\frac{16}{696};$$

$$I_{(16)}=I_{(17)}=\frac{1}{58}\times\left(\frac{1}{4}\times4\right)=\frac{12}{696};$$

$$I_{(18)}=I_{(19)}=\frac{1}{58}\times\left(\frac{1}{3}\times5+\frac{1}{4}\right)=\frac{23}{696};$$

$$I_{(20)}=I_{(21)}=I_{(22)}=I_{(23)}=I_{(24)}=I_{(25)}=I_{(26)}=I_{(27)}=I_{(28)}=I_{(29)}=I_{(30)}=\frac{1}{58}\times\left(\frac{1}{2}\times2\right)=\frac{12}{696};$$

按照下式计算结构重要度系数：

$$I_{(i)}=\sum K_i\left(\frac{1}{2}\right)^{n-1} \qquad X\in K$$

式中 $I_{(i)}$——基本事件X_i的重要度系数近似判别值；

K_i——包含X_i的（所有）割集；

n——基本事件X_i所在割集中基本事件个数。

根据结构重要系数计算公式得出最终结构重要顺序为：$I_{(10)}>I_{(8)}=I_{(9)}>I_{(4)}=I_{(6)}>I_{(18)}=I_{(19)}>I_{(11)}=I_{(12)}=I_{(13)}=I_{(14)}=I_{(15)}>I_{(16)}=I_{(17)}=I_{(20)}=I_{(21)}=I_{(22)}=I_{(23)}=I_{(24)}=I_{(25)}=I_{(26)}=I_{(27)}=I_{(28)}=I_{(29)}=I_{(30)}>I_{(1)}=I_{(2)}=I_{(3)}=I_{(5)}=I_{(7)}$。即危险性较大的基本事件为：通风不良；监管不力；防护装备失效；工作产物；微生物分解；可燃物泄漏；可燃物残存；引火源；作业伤害等。

二、触电事故风险评价

造纸工业中常分干部和湿部，湿部的工作环境是非常潮湿的，湿部的用电设备也非常多，因此需要防止设备漏电导致的人员触电事故。通过编制和分析触电事故树，可以分析触电事故发生的原因，从而提出防范措施。针对事故原因分析，并绘制事故树，见图9-4。

图中的顶上事件、过程事件、基本事件及其符号见表9-1。

表9-1 触电事故树事件及其符号

符号	意义	符号	意义
T	触电	X_6	监护失职
A_1	人体接触带电体	X_7	违章带电作业
A_2	防护设施失效	X_8	意外触及
B_1	触及正常带电部位	X_9	工具绝缘失效
B_2	触及异常带电部位	X_{10}	未验电
C_1	事故预想不足	X_{11}	漏电保护失效
C_2	电气设备外壳带电	X_{12}	未定期检验
C_3	绝缘失效	X_{13}	未放电
C_4	断电后放电不充分	X_{14}	放电不充分
C_5	误送电	X_{15}	监护失职
D_1	零线触及外壳带电	X_{16}	未作三相保护
D_2	绝缘缺陷	X_{17}	零相短路
D_3	意外送电	X_{18}	三相严重不平衡
X_1	电能量超过安全值	X_{19}	绝缘老化
X_2	正常带电作业	X_{20}	机械损伤
X_3	防护用具不合格	X_{21}	潮湿或粘导电粉尘
X_4	接地不合格	X_{22}	反馈送电
X_5	无防护措施	X_{23}	误操作

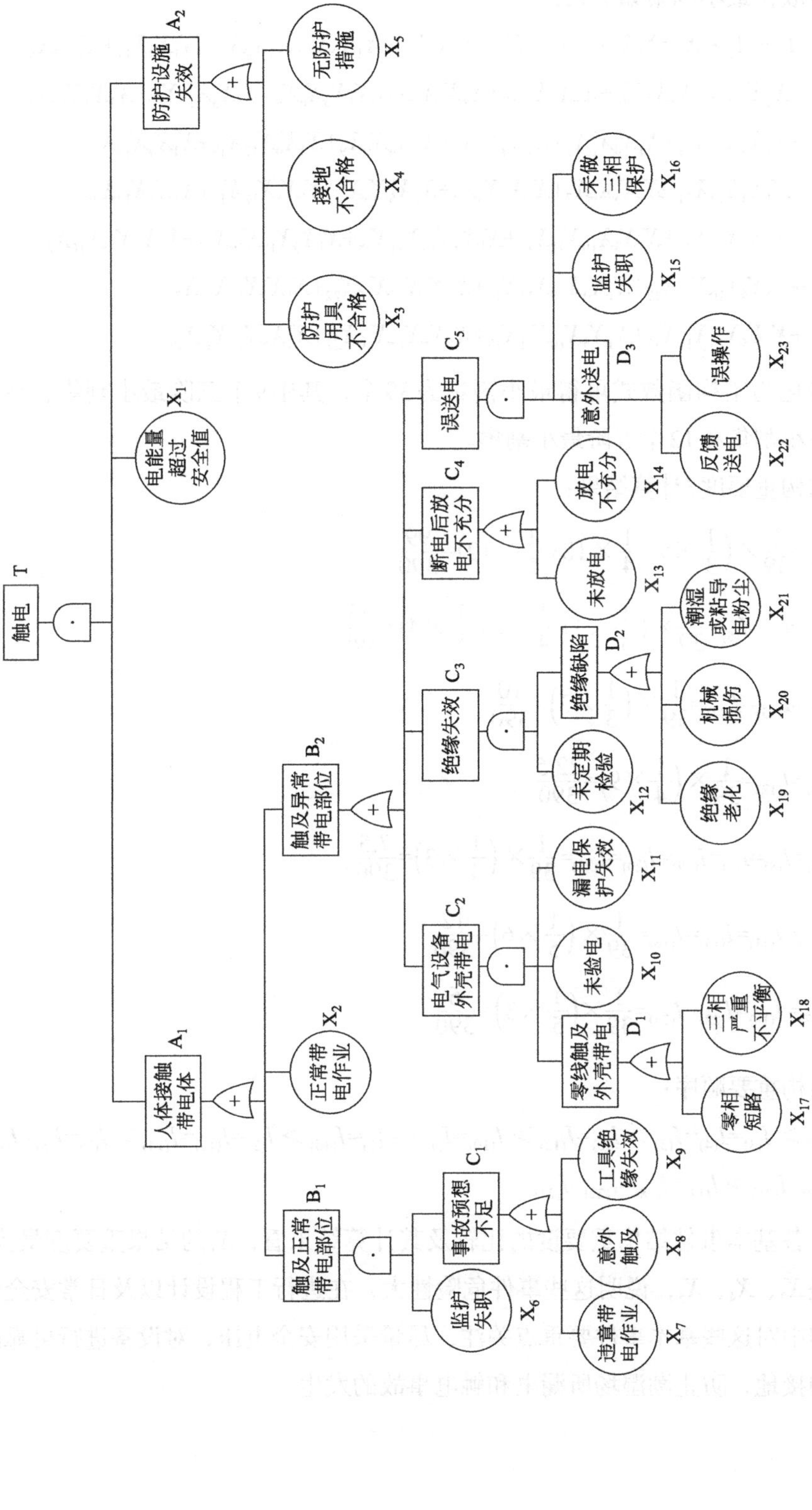

图 9-4 触电事故安全评价

事故树最小割集如下式：

$$T=A_1 \cdot A_2 \cdot X_1=X_1X_2X_3+X_1X_3X_{13}+X_1X_3X_{14}+X_1X_2X_4+X_1X_4X_{13}+X_1X_4X_{14}+X_1X_2X_5$$
$$+X_1X_5X_{13}+X_1X_5X_{14}+X_1X_3X_6X_7+X_1X_3X_6X_8+X_1X_3X_6X_9+X_1X_3X_{12}X_{19}+X_1X_3X_{12}X_{20}$$
$$+X_1X_3X_{12}X_{21}+X_1X_4X_6X_7+X_1X_4X_6X_8+X_1X_4X_6X_9+X_1X_4X_{12}X_{19}+X_1X_4X_{12}X_{20}$$
$$+X_1X_4X_{12}X_{21}+X_1X_5X_6X_7+X_1X_5X_6X_8+X_1X_5X_6X_9+X_1X_5X_{12}X_{19}+X_1X_5X_{12}X_{20}$$
$$+X_1X_5X_{12}X_{21}+X_1X_3X_{10}X_{11}X_{17}+X_1X_3X_{10}X_{11}X_{18}+X_1X_3X_{15}X_{16}X_{22}+X_1X_3X_{15}X_{16}X_{23}$$
$$+X_1X_4X_{10}X_{11}X_{17}+X_1X_4X_{10}X_{11}X_{18}+X_1X_4X_{15}X_{16}X_{22}+X_1X_4X_{15}X_{16}X_{23}$$
$$+X_1X_5X_{10}X_{11}X_{17}+X_1X_5X_{10}X_{11}X_{18}+X_1X_5X_{15}X_{16}X_{22}+X_1X_5X_{15}X_{16}X_{23}$$

转化为结构函数式可得最小割集为39个，其中9个三阶最小割集、18个四阶最小割集和12个五阶最小割集。

结构重要度I计算结果：

$$I_{(1)}=\frac{1}{39}\times\left(\frac{1}{3}\times 9+\frac{1}{4}\times 18+\frac{1}{5}\times 12\right)=\frac{99}{390}$$

$$I_{(3)}=I_{(4)}=I_{(5)}=\frac{1}{39}\times\left(\frac{1}{3}\times 3+\frac{1}{4}\times 6+\frac{1}{5}\times 4\right)=\frac{33}{390}$$

$$I_{(2)}=I_{(13)}=I_{(14)}=\frac{1}{39}\times\left(\frac{1}{3}\times 3\right)=\frac{10}{390}$$

$$I_{(6)}=I_{(12)}=\frac{1}{39}\times\left(\frac{1}{4}\times 9\right)=\frac{22.5}{390}$$

$$I_{(7)}=I_{(8)}=I_{(9)}=I_{(19)}=I_{(20)}=I_{(21)}=\frac{1}{39}\times\left(\frac{1}{4}\times 3\right)=\frac{7.5}{390}$$

$$I_{(10)}=I_{(11)}=I_{(15)}=I_{(16)}=\frac{1}{39}\times\left(\frac{1}{5}\times 6\right)=\frac{12}{390}$$

$$I_{(17)}=I_{(18)}=I_{(22)}=I_{(23)}=\frac{1}{39}\times\left(\frac{1}{5}\times 3\right)=\frac{6}{390}$$

结构重要顺序：

$I_{(1)}>I_{(3)}=I_{(4)}=I_{(5)}>I_{(6)}=I_{(12)}>I_{(10)}=I_{(11)}=I_{(15)}=I_{(16)}>I_{(2)}=I_{(13)}=I_{(14)}>I_{(7)}=I_{(8)}=I_{(9)}=I_{(19)}=I_{(20)}=I_{(21)}>I_{(17)}=I_{(18)}=I_{(22)}=I_{(23)}$

从各基本事件结构重要度的比较及其计算结果看，X_1的结果重要度最大，其次是X_3、X_4、X_5，说明这些事件危险性大，在进行工程设计以及日常安全管理过程中对这些基本事件要重点关注，尽量采用安全电压，对设备进行可靠的防护和接地，防止潮湿场所漏电和触电事故的发生。

第五节　造纸企业事故警示案例

一、某纸业有限公司较大中毒事故

（一）事故发生经过

5月21日12:20时左右，农×益需要进入回水循环池焊接水管，因水池内有水影响作业，便使用潜水泵抽水。

13:00时左右，因水池内淤泥较多，水泵不再出水。农×益与韦×桉商定，向水池内投放漂白水（次氯酸钠溶液）消毒、漂白和沉淀后，再将水抽出直接排放。

14:00时左右，农×益带领宋×佳、韦×来到回水循环池，准备投放漂白水。因宋×佳返回仓库取工具，农×益就安排韦×从水池人孔进入。韦×刚入水就晕倒在水池中，农×益随即跳进水池施救，也晕倒。正在水池上方焊接铁棚架的莫×俊、韦×宗目睹情况后，赶忙从脚手架下来参与施救。其中，莫×俊进入水池人孔施救时晕倒跌入水池。韦×宗不敢再贸然施救，便大声呼救。随后，闻讯赶来的宋×佳、韦×桉等人用木柄铁耙将3名遇险人员救上来，并同时拨打了120急救电话。

5月21日14:11时，宾阳县120急救中心接到金玉纸业公司的求援电话。14：40时，宾阳县人民医院的救护车到达现场，医护人员随即对3名遇险人员进行检查，发现都已无生命体征。经过辅助呼吸、心肺复苏施救后，仍无生命体征迹象，现场确认韦×、农×益、莫×俊3人死亡。

（二）原因分析

金玉纸业公司第三车间负责人和管理人员在没有采取任何安全防护措施的情况下安排员工进入回水循环池进行清理作业，导致其吸入硫化氢气体中毒死亡，是事故发生的直接原因。

同时，独立运营的金玉纸业公司第三车间，管理极其混乱，在不具备安全条件的情况下组织生产，是事故发生的主要原因。公司安全生产主体责任不落实，安全管理混乱，安全风险辨识和隐患排查不到位，职能部门监管职责不到位，这是事故发生的重要原因。

二、某造纸有限公司一般车辆伤害事故

（一）事故发生经过

2021年11月13日上午8时，利×公司卸货组副主管何×强安排抱车司机周×军、孟×、周×宇至理文造纸公司堆场落地卸柜区域进行转移湿浆纸作业。至10时04分周×军驾驶抱车运送湿浆纸从南侧第六个集装箱（箱号：CMAU5632967）出来后，转移入仓（仓号：3319C）过程中，撞倒了在南侧第二个集装箱（箱号：APHU6741917）正在验箱作业倒行出箱的工人陈×江并拖行，致其身受重伤。在场人员发现情况后立即拨打“120”求救，由“120”救护车将陈×江送至常熟市第一人民医院滨江院区救治。陈×江后经抢救无效，于当日死亡。

（二）原因分析

第一，抱车驾驶员周×军在所装货物阻挡视线存在视野盲区的情况下，未按照规定倒行，违规冒险驾驶抱车撞倒验柜工陈×江。第二，验柜工陈×江在进行拍照作业时，出柜时倒行，未注意观察周边车辆状态。这是事故的直接原因。

另外，企业安全教育培训不到位，安全操作规程实施不到位，作业现场安全管理不到位，隐患排查治理不到位，设备日常维护保养不到位，是事故的间接原因。

思考题

1.简述造纸企业的生产过程与安全风险管理。

2.简述有限空间作业的安全风险与事故预防措施。

3.造纸企业常用的危险化学品有哪些？如何防范职业危害？

4.根据造纸工艺，讨论粉尘危害及主要防护措施。

第十章
应急管理与救援技术

第一节 应急管理基本知识

应急管理是对特重大事故灾害的危险问题提出的应对机制，也是政府针对突发事件做出的充分体现以人为本、快速反应、协同应对、减少危害的有效举措。目前我国已经形成了一套有效的应急管理体制。

从现阶段国内的研究情况来看，应急管理体制通常被学术界界定为以公共安全为前提，为避免或者减轻突发事件对公共安全的负面影响，尽最大可能预防和应对一切突发事件，从而建立起来的以国家政府为主导力量、其他社会组织和社会民众广泛参与的庞大而复杂的管理体系。2018年3月，成立的应急管理部，就是我国应急管理体制中的核心所在。国家防汛抗旱总指挥部、国务院抗震救灾指挥部、国务院安全生产委员会、国家减灾委员会等均在应急管理部设立办公室，这样健全的机构设置，为我国应急管理体制充分发挥作用打下基础。

一、应急管理的定义与特点

（一）应急管理的定义

应急管理是指政府及其他公共机构在突发事件的事前预防、事发应对、事中处置和善后恢复过程中，通过建立必要的应对机制，采取一系列必要措施，应用科学、技术、规划与管理等手段，保障公众生命、健康和财产安全，促进社会和谐健康发展的有关活动。

应急管理也是对安全风险进行的管理，以使人们能够与环境或技术危险要素共存，并应对环境或技术危险要素所导致的灾害。

应急管理是对突发事件的全过程管理，可分为四个阶段。

1. 事前——预防与应急准备阶段

应急管理要贯穿“预防为主”方针。在预防与应急准备阶段，要注意在日常工作中采取措施，着力降低社会应对突发事件的脆弱性，要为应对突发事件做好充分准备。同时，要经常对所在区域进行风险隐患排查，对危险源进行持续的、动态的监测，并开展有效的风险评估，在风险评估的基础上，进行风险管控。对于即将演变为突发事件的风险隐患，及时预警，使社会公众在突发事件发生前采取避险行动，尽量减小突发事件所带来的损失。

2. 事发——预警与应急响应阶段

应急响应是指在突发事件发生时，应急管理者研判事件信息，启动应急预案，动员各方面力量开展应急处置工作。信息研判是至关重要的，一定要快速、准确，以避免应急响应失当。

3. 事中——处置与应急救援阶段

应急处置是指应急管理者在时间、资源的约束条件下，控制突发事件的后果。即：突发事件发生后，要尽可能详细地掌握事件情况，迅速按照应急预案的要求，采取有效处置救援措施，防止突发事件扩大、升级。

处置过程需要大量的非常规决策。应急管理者需要在极短的时间和巨大的心理压力下，进行创新性决策，要遵照预案，但又不能固守预案。不遵照预案，就无章可循；但固守预案，突发事件的瞬息万变又可能令预案的作用丧失。

4. 事后——评估与恢复重建阶段

突发事件处置工作完成后，应急管理者必须清理现场，尽快恢复生产生活秩序，并据此组织各种力量，消除突发事件对社会、经济、环境以及人的心理的影响。

不仅如此，应急管理者还应该全面开展应急调查、评估，及时总结经验教训；对突发事件发生的原因和相关预防、处置措施进行彻底、系统的调查；对应急管理全过程进行全面的绩效评估，剖析应急管理工作中存在的问题，提出整改措施，并责成有关部门逐项落实，从而提高预防突发事件和应急处置的能力。

（二）应急管理的特点

应急管理是一项重要的公共事务，既是政府的行政管理职能，也是社会公众的法定义务。同时，应急管理活动又有法律的约束，具有与其他行政活动不同的特点。

1. 政府主导性

政府主导性体现在两个方面：一方面，政府主导性是由法律规定的。《突发事件应对法》规定，县级人民政府对本行政区域内突发事件的应对工作负责，涉及两个以上行政区域的，由有关行政区域共同的上一级人民政府负责，或者由各有关行政区域的上一级人民政府共同负责，从法律上明确界定了政府的责任；另一方面，政府主导性是由政府的行政管理职能决定的。政府掌管行政资源和大量的社会资源，拥有严密的行政组织体系，具有庞大的社会动员能力，这是任何非政府组织和个人无法比拟的行政优势，只有由政府主导，才能动员各种资源和各方面力量开展应急管理。

2. 社会参与性

《突发事件应对法》规定，公民、法人和其他组织有义务参与突发事件应对工作，从法律上规定了应急管理的全社会义务。尽管政府是应急管理的责任主体，但是没有全社会的共同参与，突发事件应对不可能取得好的效果。

3. 行政强制性

在处置突发事件时，政府应急管理的一些原则、程序和方式将不同于正常状态，权力将更加集中，决策和行政程序将更加简化，一些行政行为将带有更大的强制性。当然，这些非常规的行政行为必须有相应法律、法规做保障，应急管理活动既受到法律、法规的约束，需正确行使法律、法规赋予的应急管理权限，同时又可以以法律、法规作为手段，规范和约束管理过程中的行为，确保应急管理措施到位。

4. 目标广泛性

应急管理追求的是社会安全、社会秩序和社会稳定，关注的是包括经济、社会、政治等方面的公共利益和社会大众利益，其出发点和落脚点就是把人民群众的利益放在第一位，保证人民群众生命财产安全，保证人民群众安居乐业，为社会全体公众提供全面优质的公共产品，为全社会提供公平公正的公共服务。

5. 管理局限性

一方面，突发事件的不确定性决定了应急管理的局限性。另一方面，突发事件发生后，尽管管理者作出了正确的决策，但指挥协调和物资供应任务十分繁重，要在极短时间内指挥协调、保障物资，本身就是一件艰巨的工作，特别是一些没有出现过的新的突发事件，物资保障更是难以满足。加之受到突发事件影响的社会公众往往处于紧张、恐慌、激动之中，情绪不稳定，加大了应急管理难度。

二、应急管理的基本内容

应急管理工作内容概括起来称为“一案三制”。

“一案”是指应急预案，就是根据发生和可能发生的突发事件，事先研究制订的应对计划和方案。就是要建立健全和完善的“纵向到底，横向到边”的预案体系。应急预案包括各级政府总体预案、专项预案和部门预案，以及基层单位的预案和大型活动的单项预案。相关预案之间要做到互相衔接，逐级细化。预案的层级越低，各项规定就要越明确、越具体，避免出现“上下一般粗”现象，防止照搬照套。

“三制”是指应急工作的管理体制、运行机制和法制。

（1）建立健全和完善应急管理体制。主要建立健全集中统一、坚强有力的组织指挥机构，发挥我们国家的政治优势和组织优势，形成强大的社会动员体系。建立健全以事发地党委、政府为主，有关部门和相关地区协调配合的领导责任制，建立健全应急处置的专业队伍、专家队伍。必须充分发挥人民解放军、武警和预备役民兵的重要作用。

（2）建立健全和完善应急运行机制。主要是要建立健全监测预警机制、信息报告机制、应急决策和协调机制、分级负责和响应机制、公众的沟通与动员机制、资源的配置与征用机制，奖惩机制和城乡社区管理机制等。

（3）建立健全和完善应急法制。主要是加强应急管理的法制化建设，把整个应急管理工作建设纳入法制和制度的轨道，按照有关的法律法规来建立健全预案，依法行政，依法实施应急处置工作，要把法治精神贯穿于应急管理工作的全过程。

第二节　应急管理的体制

一、应急管理体制的含义与特点

（一）应急管理体制的含义

应急管理体制是指为保障公共安全，有效预防和应对突发事件，避免、减少和减缓突发事件造成的危害，消除其对社会产生的负面影响，而建立起来的以政府为核心，其他社会组织和公众共同参与的有机体系。

（二）应急管理体制的特点

第一，应急管理体制是经过应急管理实践检验并证明行之有效的、较为固定的方法。任何组织的工作机制，不因组织负责人的变动而随意变动，而单纯的工作方式、方法是可以根据个人主观意识而改变的。

第二，应急管理体制本身含有制度因素，并且要求所有相关人员严格遵守，而单纯的工作方式、方法往往体现为个人做事的一种偏好或经验。

第三，应急管理体制是比一般制度更具有刚性的“制度”。制度虽然要求所有人都应当遵守，但它仍保留有一定的自由裁量空间，或者说，制度在执行过程中具有一定弹性。但是，应急管理体制则是一种带有强制性的制度。

第四，应急管理体制是在各种方式方法基础上总结和提炼出来的，并经过加工使之系统化、科学化的方法。而单纯的工作方式方法则因人而异，并不要求上升到理论高度。

第五，应急管理体制一般是依靠多种方式方法共同作用来运作的，而一般方式方法可以是单一起作用的。例如：建立起各种工作机制的同时，还应有相应的激励机制、动力机制、制衡机制和监督机制来保证工作的落实、推动、纠错、评价等。

二、应急管理构成的要素

（一）机构设置

建立健全的机构设置可以使政府各部门发展均衡，增强个别应急职能机构的自身功能，减少机构建设条块分割，降低对政府本身的依赖。

（二）技术支撑

应急管理的技术支撑体系是应急管理者作出决策的依据来源，同时也是能够顺利实现应急响应联动的保障。主要包括几个方面：信息化的应急联动响应系统、应急过程中的事态监测系统、事故后果预测与模拟系统和应急响应专家系统。

（三）预案体系

应急管理体制预案是针对各种突发事件类型而事先制订的一套能迅速、有效、有序解决问题的行动计划或方案，旨在使政府应急管理更为程序化、制度化，做到有法可依、有据可查。它是在辨识和评估潜在的重大危险、事故类型、发生的可能性、发生过程、事故后果及影响严重程度的基础上，对应急管理机构与职责、人员、技术、装备、设施（备）、物资、救援行动及其指挥与协调等方面预先做出的具体安排。

（四）评估体系

突发事件应对工作实行预防与应急相结合的原则。国家建立重大突发事件风险评估体系，对可能发生的突发事件进行综合性评估，采取有效措施，减少重大突发事件的发生，最大限度地减轻重大突发事件的影响。

（五）运行程序

国家应急管理机构应设立应急指挥中心。各个应急指挥中心都应设有固定的办公场所，为应急工作所涉及的各个部门和单位常设固定的职位，配备相应的办公、通信设施。一旦发生突发事件或进入紧急状态，各有关方面代表迅速集中到应急指挥中心，进入各自的代表席位，进入工作状态。应急指挥中心根据应急工作的需要，实行集中统一指挥协调，联合办公，以确保应急工作反应敏捷、运行高效。

（六）资金保障

各级财政部门应该设立一定额度的应急准备金，专门用于突发事件的应急支出。同时，我国政府部门还应设立日常应急管理费用，专门处理突发事件应急管理机制的日常保障运行，并且为建立网络信息维护系统、应急预案等提供经费保障。同时，各级财政部门在一段时间内应该对突发事件财政应急保障资金使用情况进行定期审核。

三、应急管理的基本原则

应急管理体制的确立涉及一个国家或地区的政治、经济、自然、社会等多方面因素，而且随着人类社会进步和应对突发事件能力的提高而不断变化和调整。其设立和调整要把握好以下几项基本原则。

（一）统一指挥

突发事件应对处置工作，必须成立应急指挥机构统一指挥。

（二）综合协调

综合协调人力、物力、财力、技术、信息等保障力量，形成统一的突发事件信息系统、统一的应急指挥系统、统一的救援队伍系统、统一的物资储备系统等，以整合各类行政应急资源，最后形成各部门协同配合、社会参与的联动工作局面。

（三）分类管理

由于突发事件有不同的类型，在集中统一的指挥体制下还应该实行分类管理，每一大类的突发事件，应由相应的部门实行管理，建立一定形式的统一指挥体制，按各自职责开展处置工作。

（四）分级负责

对于突发事件的处置，不同级别的突发事件需要动用的人力和物力是不同的。分级负责明确了各级政府在应对突发事件中的责任，对于在突发事件应对工作中不履行职责，行政不作为，或者不按照法定程序和规定采取措施应对、处置突发事件的，要对其进行批评教育，直至对其进行必要的行政或法律责任追究。

（五）属地管理为主

强调属地管理为主，是由于突发事件的发生地政府的迅速反应和正确、有效应对，是有效遏止突发事件发生、发展的关键。明确地方政府是发现突发事件苗头、预防发生、先行应对、防止扩散（引发、衍生新的突发事件）的第一责任人，赋予其统一实施应急处置的权力。当然，属地管理为主并不排斥上级政府及其有关部门对其应对工作的指导，也不能免除发生地其他部门和单位的协同义务。

第三节 应急管理体系建设

一、应急责任体系建设

完善应急组织体系，健全应急指挥机构，实施权责分明，全面提升统筹协调能力。推动安全生产、自然灾害、公共卫生、社会安全等领域的专项协调或组织指挥机构有效运行，完善运行机制，强化人员保障。形成统一指挥、权责一致、权威高效的应急组织体系。

二、风险管控体系建设

构建全方位的区域综合立体的风险管控体系，全面提升防范防治能力，注重风险源头预防管控，强化规划管控。同时，严格安全准入，提高风险辨识评估水平，提升风险监测预警能力和灾害风险预报精准度。充分利用物联网、卫星遥感等技术，推进重点领域安全风险感知网络建设，重点加强城市燃气、供水和排水管网、桥梁和隧道等城市生命线监测；迭代地质灾害隐患点、重大危险源安全监测网络，优化水旱、气象、地质、森林、海洋和农业等灾害监测核心基础站点和常规观测站点布局，形成“空天地海”一体化全覆盖的事故灾害风险智能监测感知网络。

三、法规制度体系建设

完善统一权威的法规制度体系，全面提升监管执法能力。应健全地方法规标准和制度。健全应急管理标准化组织架构，指导推进各地各级应急管理领域标准体系建设，优化应急预案体系，推进应急预案制定修订。加大应急预案数字化建设力度，建立电子预案数据库，全面推进重点行业领域应急预案文本电子化、流程可视化、决策指挥智能化。

四、应急救援体系建设

建设高效有序的应急救援体系，全面提升应急处置能力。健全应急救援力量体系，加强综合性消防救援力量建设。推进专业应急救援力量建设。科学规划应急救援平台布局，统筹推进综合性应急救援平台的布局建设，强化基础设施、装备器材、信息系统建设和人员配备。加强基层和企业专业救援力量建设，组建“一专多能、一队多用”的基层综合性应急救援队伍。推进紧急医学救援队伍建设，提高灾害事故抢险和医疗救援能力。

五、科技支撑体系建设

健全示范引领的科技支撑体系，全面提升精密智控能力。强化应急管理科技保障，加快建设应急通信网。推进应急指挥可视化。完善应急管理数据库，迭代深化智慧应急数字化应用。开展企业安全风险普查、建立安全生产“一企一档”基础数据库。优化风险点、场所、企业、区域等风险评估模型，绘制安全生产动态风险“四色图”。

六、社会治理体系建设

打造共建共享的社会治理体系，全面提升社会共治能力。加强应急文化建设，加强应急管理科普宣传教育。完善应急安全科普宣传教育保障机制，推动应急安全知识宣传和科学普及教育纳入国民教育体系，深入实施全民安全素养提升行动，深化推进安全宣传进企业、进农村、进学校、进社区、进家庭。全面推进全民安全素养提升。同时，完善风险社会化分担机制，有效发挥事故灾害保险作用，强化应急管理信用体系建设。推进城市安全发展，创建安全发展示范城市。

七、基础保障体系建设

建立科学完备的基础保障体系，提升职业荣誉感，全面提升担当履职能力。推进基层应急管理规范化建设，健全基层应急管理工作机构。乡镇（街道）组建由主要负责人担任组长的应急管理领导小组，领导小组办公室设在乡镇（街道）综合信息指挥室，具体承担基层应急管理的统筹、协调、指挥、考核等职责，可加挂应急管理站牌子。强化基层应急管理网格化管理。推动应急管理工作融入基层社会治理，健全普通网格管理机制和专属网格管理机制设，推进基层应急队伍专业化建设。

第四节　突发事件的管理

一、突发事件的内涵

广义上，突发事件可被理解为突然发生的事情。第一层的含义是事件发生、发展的速度很快，出乎意料；第二层的含义是事件难以应对，必须采取非常规方法来处理。狭义上，突发事件就是意外突然发生的重大或敏感事件，简而言之，就是天灾人祸。“天灾”即自然灾害，“人祸”如恐怖事件、社会冲突、丑闻包括大量谣言等，专家也称其为“危机”。我国的《突发事件应对法》中规定，突发事件是指突然发生，造成或者可能造成严重社会危害，需要采取应急处置措施予以应对的自然灾害、事故灾难、公共卫生事件和社会安全事件。

二、突发事件的类别与等级

（一）突发事件的类别

突发事件的种类纷繁复杂，可以从不同的维度对其进行划分。根据国家突发公共事件总体应急预案规定，将突发公共事件分为自然灾害、事故灾难、公共卫生事件、社会安全事件四类。

1. 自然灾害

自然灾害是人类依赖的自然界中所发生的异常现象，且对人类社会造成了危害的现象和事件。它们之中既有地震、火山爆发、泥石流、海啸、台风、龙卷风、洪水等突发性灾害，也有地面沉降、土地沙漠化、干旱、海岸线变化等在较长时间中才能逐渐显现的渐变性灾害，还有臭氧层变化、水体污染、水土流失、酸雨等人类导致的环境灾害。

2. 事故灾难

事故灾难是具有灾难性后果的事故，是在人们生产、生活过程中发生的，直接由人的生产、生活活动引发的，违反人们意志的、迫使活动暂时或永久停止，并且造成大量的人员伤亡、经济损失或环境污染的意外事件。主要包括工矿商贸等企业的各类安全事故、交通运输事故、公共设施和设备事故、环境污染和生态破坏事故等。

3. 公共卫生事件

突发公共卫生事件是指突然发生，造成或者可能造成社会公众健康严重损害的重大传染病疫情、群体性不明原因疾病、重大食物和职业中毒以及其他严重影响公众健康的事件。

4. 社会安全事件

社会安全是衡量一个国家或地区构成社会安全四个基本方面的综合性指数，包括社会治安（用每万人刑事犯罪率衡量）、交通安全（用每百万人交通事故死亡率衡量）、生活安全（用每百万人火灾事故死亡率衡量）和生产安全

（用每百万人工伤事故死亡率衡量）。涉及恐怖袭击事件、经济安全事件、民族宗教事件、涉外突发事件、重大刑事案件、群体性事件等。

（二）突发事件的等级

按照社会危害程度、影响范围、突发事件性质和可控性等因素将自然灾害、事故灾难、公共卫生事件和社会安全事件分为四级，即特别重大、重大、较大和一般。除法律、行政法规或国务院另有规定的以外，按照《国家特别重大、重大突发公共事件分级标准（试行）》执行。

三、突发事件处置能力

（一）概念

突发事件处置能力是集突发事件之事前、事中和事后各项工作的应对能力综合。

（二）特征

1.整体性和系统性

突发事件处置能力不是某一种单一的治理和应对能力，它涵盖了突发事件发生之前、发生过程当中以及发生之后的各项能力，集突发事件的预防、准备、反应和恢复于一体，具有整体性和系统性。

2.公共资源参与度高

突发事件具有突发性、处理的复杂性，以及较大的破坏性等特点。应对各种突发事件，政府部门起着无可替代的主导作用，但是要妥善地处理突发事件带来的破坏和后续性影响，仅仅依靠政府的行政力量是远远不够的，企业、社会组织和理性公众的积极配合和广泛参与是实现突发事件有效处置的重要一环。在突发事件的处置过程中，尤其是事中应急管理过程当中，需要相关法规、人员、资金、医疗、物资以及技术等的高度集中与配合。

3.社会关注度高

突发事件往往直接涉及人民群众的生命财产安全，有些突发事件更是影响到国家形象和国家核心利益，而突发事件的应急处置能力是检验政府部门行政管理效率和为人民服务本领的磨刀石。在应对突发事件时，政府部门的一举一动都会受到国际国内社会的高度关注。

（三）构成要素

1. 事前监测预警能力

事前监测预警是指对突发事件的发生及后果做出预告与警告并制定相关预案以减少损失的行为。事前监测预警能力建设是为了最大限度降低突发事件所造成的损失，有效的事前监测预警体系具有预见和警示、延缓及减缓、阻止与化解等多种功能。提高突发事件预警和应急能力，加强对突发事件的预测、预警工作，提高政府和社会应对突发事件的综合能力，是适应风险型社会的必然要求。

事前监测预警能力的构成要素主要有对突发事件的预测、监测能力，对突发事件的预报能力，突发事件预警技术能力，突发事件应对措施能力等。

2. 事中应急管理能力

事中应急管理能力是突发事件处置能力的关键环节和核心部分。它在阻止突发事件影响范围和破坏程度的进一步扩大，挽救和保障人民群众的生命财产安全，减少和消除社会公众的恐慌心理，维护社会安定团结以及国家核心利益等方面意义重大。事中应急管理重点是指应急的响应及救援，主要包括险情的报送、预案的启动、资源的调配和实地的抢险救援。事中应急管理能力建设需要有效的机制和应急保障。

事中应急管理能力的构成要素主要有突发事件辨别能力、突发事件紧急救援能力、居民突发事件行为反应能力等。

3. 事后恢复重建能力

突发事件的事后恢复重建意味着让突发事件发生地区的民众、基础设施和系统恢复到事件发生之前的状态或者相比较而言更好的状态，它具有很强的政府主导型，是社会安全的一道重要防线。它涉及突发事件发生后受灾民众的安置、相关人员的心理干预、生态环境的恢复、社会治安、社会动员、调查评估、重建监管等诸多方面。

事后恢复重建能力的构成要素主要有社会保障系统支持能力、事后损失评估能力、事后恢复能力、事后重建能力等。

第五节 应急预案编制与演练

一、应急预案的编制依据

应急预案的编制依据主要包括三类：

（1）法律法规依据，包括安全与应急方面的法律法规规章，以及相关制度文件。

（2）客观依据，包括单位（区域）的基本情况、安全风险防范重点部分、应急资源的风险评估情况等。

（3）主观依据，包括员工的变化程度、安全素质、应急处置能力等。

预案的编制，内容要全面、准确、适用，表述要简明，责任要明晰，上下左右要衔接好，形成科学实用、易操作的应急预案。

二、应急预案演练原则

应急预案演练的原则包括以下四个方面：

（1）结合实际，合理定位。紧密结合应急管理工作实际，明确演练目的，根据资源条件确定演练方式和规模。

（2）着眼实战，讲求实效。以提高应急救援指挥人员的指挥协调能力、应急队伍的实战能力为着眼点。重视对演练效果及组织工作的评估、考核，总结、推广好的经验，及时整改存在的问题。

（3）精心组织，确保安全。围绕演练目的，精心策划演练内容，科学设计演练方案，周密组织演练活动，制定并严格遵守有关安全措施，确保演练参与人员及演练装备设施的安全。

（4）统筹规划，厉行节约。统筹规划应急演练活动，适当开展综合性演练，充分利用现有资源，努力提高应急演练效益。

三、应急预案演练分类

按组织形式、演练内容、演练目的与作用等不同分类方法，应急预案演练可分为不同种类。

（一）按组织形式划分

按组织形式，应急预案演练可分为桌面演练和实战演练。

1. 桌面演练

桌面演练是指参演人员利用地图、沙盘、流程图、计算机模拟、视频会议等辅助手段，针对事先假定的演练情景，讨论和推演应急决策及现场处置的过程，从而促进相关人员掌握应急预案中所规定的职责和程序，提高指挥决策和协同配合能力。桌面演练通常在室内完成。

2. 实战演练

实战演练是指参演人员利用应急处置涉及的设备和物资，针对事先设置的突发事故情景及其后续的发展情景，通过实际决策、行动和操作，完成真实应急响应的过程，从而检验和提高相关人员的临场组织指挥、队伍调动、应急处置技能和后勤保障等应急能力。实战演练通常要在特定场所完成。

（二）按演练内容划分

按演练内容，应急预案演练可分为单项演练和综合演练。

1. 单项演练

单项演练是指只涉及应急预案中特定应急响应功能或现场处置方案中一系列应急响应功能的演练活动。它注重针对一个或少数几个参与单位（岗位）的特定环节和功能进行检验。

2. 综合演练

综合演练是指涉及应急预案中多项或全部应急响应功能的演练活动。它注重对多个环节和功能进行检验，特别是对不同单位（部门）之间应急机制和联合应对能力的检验。

（三）按演练目的与作用划分

按演练目的与作用，应急预案演练可分为检验性演练、示范性演练和研究性演练。

1. 检验性演练

检验性演练是指为检验应急预案的可行性、应急准备的充分性、应急机制的协调性及相关人员的应急处置能力而组织的演练。

2.示范性演练

示范性演练是指为向观摩人员展示应急能力或提供示范教学，严格按照应急预案规定开展的表演性演练。

3.研究性演练

研究性演练是指为研究和解决突发事故应急处置的重点、难点问题，试验新方案、新技术、新装备而组织的演练。

不同类型的演练相互结合，可以形成单项桌面演练、综合桌面演练、单项实战演练、综合实战演练、示范性单项演练、示范性综合演练等。

第六节　应急救援技术

随着大数据时代的到来，重大危险源及重大事故隐患种类和数量也不断增多，灾害事故（件）的不断发生，给社会经济带来了重大的负面影响。充分利用现代信息技术为突发事件提供应急处理服务是大趋势。为了有效预防和减少重特大安全生产事故的发生，需要一个完整有效的安全平台系统。各个行业对应急指挥调度的功能需求虽然大同小异，但由于行业的业务属性不同，对于系统融合的需求也各不相同。

“快速响应、准确下达、融合通信、移动指挥”是应急指挥调度的核心特点。运用大数据、云计算、人工智能、可视化等技术手段，整合安监部门现有信息系统的数据资源，实现多源数据融合、安全生产态势显示、安全生产监测指挥、安全生产数据可视分析等多种功能，为安全生产监测监管和突发事件的应急指挥决策提供科学依据，提升安监部门预警防范水平、精准打击效能和应急处置能力。

一、可视化应急救援指挥系统

应急处置可视化系统，融合了视音频信息压缩、无线传输、数据加密、视频分析等诸多先进技术，无需依托其他传输手段，可根据需要自由搭建数据传输通道，使后台指挥中心能实时指挥和支援一线的工作。

应急处置可视化系统主要由前端图像采集、传输链路和后台图像处理三大部分组成。前端图像采集部分可以多种形态出现，满足不同场合的移动或固定点侦察需要。传输链路可在公网和专网的条件下实现互联互通，同时能根据不同的安全级别要求对所传输的数据进行加密，确保整个应急处置可视化系统数据的万无一失。后台图像处理部分主要对可视化设备的图像进行处理，一方面可以根据需要将前端侦察设备采集到的图像信息以各种形态表现，如输出到电脑客户端、平板电脑、手持设备、手机等多种形式，满足不同观看者的需求；另一方面应急处置可视化系统可内嵌智能侦测模块，在后端对前端的图像信息进行分析，进而实现对侦察结果的自动提醒。

二、无人机监测技术

（一）无人机遥感技术的定义

无人机遥感技术是以无人机作为中间载体，结合无人机飞行技术、GPS、计算机技术等一系列先进技术，快速准确地获取信息，完成数据处理和应用分析的技术。随着无人机上可搭载的数据化探测设备及遥感传感器的更新完善，该技术可以根据项目的不同需求获取相应的信息，其应用领域逐渐扩大。目前，已涉及土地利用监测、水利水电、突发事件调查等多个领域。

与早期的遥感监测技术相比，无人机遥感技术的影像分辨率更高，可以设置无人机飞行速度、高度及飞行时间等参数，进而获取满足精度要求同时分辨率又较高的影像。此外，无人机遥感技术还可以结合实际任务需求，设定飞行路线和飞行频次，进行实时实地的动态监测。

（二）无人机遥感技术的特点

无人机遥感技术借助无人机收集地表数据信息，通过计算机处理为三维图形，在整个系统优化层面具有显著的优点，该技术的主要特点如下。

1. 拍摄精度高

无人机的飞行高度一般在50～100m，采集地表数据信息时的航拍精度为0.1～0.5m。

2. 实用性强且设备费用低

无人机身形轻巧且矫健，结构简单，飞行作业时灵活自如，对外在环境的适应性较强。一般作业为低空飞行，受雨雪等天气的影响较小，同时机身及拍摄设备费用较低。

3.操作简单且安全

监测时不需要特定的外在条件即可快速起升，操作相对简单。同时，不易受到天气因素的干扰，可在严寒或酷暑条件下作业，安全性也较高，在遇到突发状况时，如危险区域的调查、空中救援指挥等，不会造成人员的伤亡。

4.拍摄便捷且分辨率高

无人机易于控制飞行航线，可以根据需求多角度拍摄，针对一般监测区可采用竖直拍摄收集数据信息，对于复杂结构可以采用斜向拍摄收集细部结构数据信息，成像效果清晰。该技术充分发挥了其拍摄便捷的优势，解决了复杂结构之间因相互覆盖而掩盖原始数据的问题，进而能够获得全面详细的影像信息和完整的监测图件，见图10-1所示。

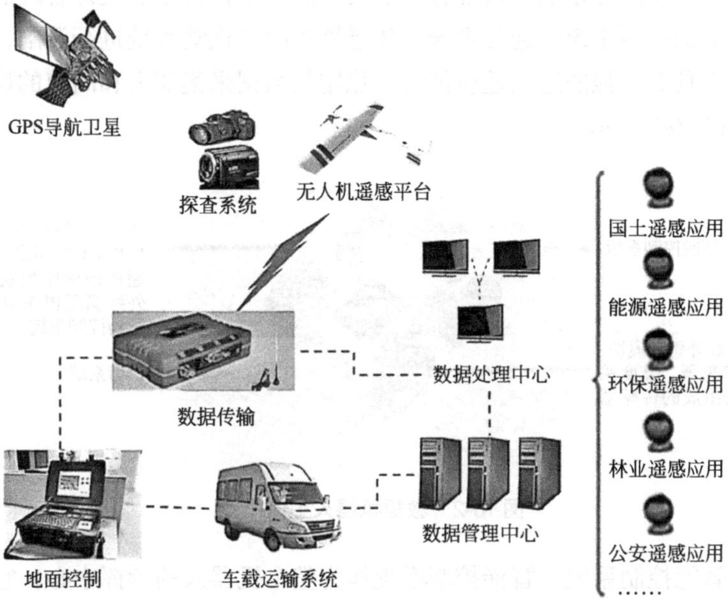

图10-1　遥感技术系统示意图

三、机器人救援方法

1.救援机器人系统设计

灾后救援机器人是在人工智能背景下融合了电、光、机、无线通信等技术的产物，它由远程监控系统和机器人主体两大部分组成，主要执行寻找幸存者、侦察任务、勘探化学品泄漏以及对受灾人员进行紧急救助等任务，可以代替人探测生命迹象、定位幸存者位置、实施救援。

当机器人进入废墟搜索幸存者时，首先通过加装的云台摄像头探路，通过摄像头采集的现场图像来控制机器人在废墟中快速穿行，如果遇到空气中灰尘较多图像模糊时通过人体红外感应模块探测生命迹象，并随时监控废墟的温度等空气质量的变化，为救援人员进入现场做好保障措施。一旦确定幸存者的具体位置，会向远端操控台发出信号，并开启对讲设备，实现远程救援人员对幸存者进行心理安抚和详细了解幸存者的状况，协助有自救能力的幸存者进行逃离。同时，使用GPS导航系统规划出一条安全的营救线路。

2. 救援机器人硬件系统

机器人要完成复杂的救援任务，需要其具有工作稳定和设计合理的智能控制系统对运动控制系统、通信系统、传感器系统和视觉系统进行调配，以保障救援机器人具有较强的道路适应能力、稳定的数据采集能力和高速的信息传输能力，见图10-2所示。

图10-2　救援机器人主体模型

（1）智能控制系统。智能控制系统作为整个机器人的指挥中心，它相当于机器人的大脑，可以控制其他单元执行相应指令。控制系统是以计算机控制技术为核心的集成动态系统，因此控制系统的智能程度决定了救援机器人的稳定性、响应速度和控制精度。

（2）运动控制系统。运动控制系统是机器人在废墟中穿行的有效保障。电机驱动模块、GPS定位模块、超声波测距模块和红外线测距模块构成了机器人的运动控制系统。GPS的功能是实时定位、轨迹跟踪，使用GPS便于跟踪搜救机器人轨迹及准确定位出受灾者位置。超声波测距模块用于测距避障，红外线测距则是为了弥补超声波在近距离测距时出现的测量盲区，用来辅助超声波测距更加精准地测距，两者协作配合，从而为搜救机器人规划路径提供准确的依据，使其更好地进行搜索任务。

（3）传感器系统。完善的传感器系统是救援机器人感知周围环境的有效途径。人体红外感应模块、气体传感器、温度采集模块构成了机器人的传感器系统，主要负责物体识别、测距、测温、路径规划和避障等。当灾后现场存在因中毒或受伤而陷入昏迷无法呼救的伤员，机器人可以通过人体红外感应模块检测人体发出的红外线，避免搜救遗漏。为了防止救援现场存在有毒或易燃易爆炸气体，对救灾人员产生潜在的生命安全威胁，在救灾人员进入现场之前要测量空气中的有害气体成分，而温度采集模块可用于勘查现场的温度情况。这些信息的掌握既有助于寻到受灾人员又可排除其他潜在的危险。

（4）通信系统。操作人员能够远程操控机器人执行任务，不允许出现机器人失控的情况，这就需要机器人具有实时可靠的无线视频信号传输能力。通信系统是搜救机器人主机与远程监控站信息交流的通道，主要负责本位机器端与远程操作控制端的双向通信。一方面，将现场采集的图像视频信息、温度环境信息等各种数据信息以及机器自身的状态信息发送给远程监控站，以便远程操作人员及时且细致地了解现场和机器本体的情况，并能够迅速做出有效的决策，争取更有利的形势。另一方面，远程操控人员通过控制站将控制信号发送给机器端，来帮助机器人更好地完成搜索救援工作。因此，通信系统的速度和稳定程度影响着救援机器人系统的性能。

四、应急安全体验馆功效

“体验式”应急安全体验场馆的建设，对宣传安全与应急具有重要作用，可以让体验者更深刻地了解突发事故的危害，重视突发事件应急能力的培养。应急安全体验馆提供体验性，让模拟的危险“事故”再发生一次，让受教人切身体验事故的可怕，从而达到自身主动预防事故的目的。以下以校园火灾事故为例，介绍体验馆的建设功能。

（一）火灾危害展示区

展示近年来有关火灾的事故案例，重点播放校园火灾案例，展示校园违章电器、电动车过载充电烧毁的实物，日常消防隐患视频资料等。体验馆也可以通过一次完整的模拟烟雾实验，让每个受教人真实地看到火灾危险性，警示教育师生防治火灾。

（二）触屏安全隐患互动查找区

火灾隐患查找系统重点配置学生公寓宿舍、科研室、办公室、图书馆、实验室、体育馆、食堂六大基本场景及不同类型火灾现场，将不同场景、火情真实还原，场面逼真。通过实际动手去寻找每个场景内各个环节和细节的消防隐患，沉浸式无死角地观察环境，查找火灾隐患，参与体验本系统后，用户能深刻了解到日常生活中的火灾隐患。

（三）消防安全标识介绍体验区

当灾难事故发生时，消防安全标识起了很大的指引作用，更是生命危急关头的救命符。通过对消防安全标识的认知，受教人可以正确地理解标识的含义与重要性，培养受教人自觉主动爱护消防安全标识，遇到火灾危险第一时间依照标识正确操作和自救逃生。

（四）消防器械体验区

体验者通过学校现在配备的消防器械进行实际学习，从而更全面、详尽地了解消防器械的使用方式和注意事项等。

（五）逃生结绳体验区

在楼层不高的情况下，宿舍、教室、食堂、图书馆等位置发生火灾后，可以通过学习正确的结绳，在固定的物体上系绳结，顺利到楼下。

（六）缓降器逃生体验区

对受教人讲解缓降器工作原理，日常存放位置，缓降器使用前的检查保养、使用的注意事项以及正确使用操作方法，当遇到楼宇发生火灾时，被困人员如何第一时间找到并正确判断使用缓降器平稳、安全、迅速地逃离火灾现场。

（七）火灾自动报警系统体验参观区

在火灾自动报警系统体验参观区，安装有消防报警联动系统，讲解人员实际触发烟感，感应探头感知到烟雾后立即启动联动系统，声光报警系统开始报警并启动建筑物灭火、防火设施，让受教人系统了解火灾自动报警系统的工作原理和日常注意事项。

（八）心肺复苏与应急包扎体验区

应急安全培训分理论基础学习和实操训练两部分。理论培训针对教职工、学生常见突发事件情况，重点讲解心肺复苏、创伤急救、烫伤等应急处置知识，重点介绍溺水、火灾等突发情况出现时的抢救技巧。在实际操作部分，首先在人体模型上进行示范演示。手把手体验创伤包扎、烫烧伤处置，及时发现并纠正操作过程中不规范的动作，使所有参训学生将学到的理论知识与实践有机结合起来，从而达到学以致用的效果。

（九）烟道逃生演练系统

这是一个让演练者体验如何从火灾中正确逃生的系统。这个系统可以告诉演练者在火灾时应该如何选择正确的路线，按照正确的方法进行逃生，在保证安全性的前提下，尤其让受教者切身体验在有烟的环境中逃生时，采用湿毛巾、消防呼吸面罩的原因，体会捂住口鼻并尽量蹲着走的技术动作的合理性，吸入浓烟造成窒息的严重性等方面全方位体验。

（十）模拟灭火体验系统

模拟灭火体验系统，主要用于教学并体验模拟仿真灭火器、灭火毯等消防器材的使用。模拟灭火体验系统中包含四种基本场景：厨房、学生宿舍、办公室与实验室的仿真环境。针对各场景的特点，设置了灶锅、电器、易燃易爆化学品等不同类型的火灾模拟现场，同时提供手提式干粉、二氧化碳、泡沫、水基型四种基本灭火器和一个灭火毯以进行选择，选择过程中进行灭火器的知识学习与使用指导。能让受教人学习几种火灾类型如何选择灭火器的类型，如何正确扑救初期火灾。受教人只要按提示完整学习并实际模拟几次后，就能选择正确的消防设施并具有扑救初期火情的技能。

（十一）“VR+消防”沉浸式灭火体验区

在“VR+消防”沉浸式灭火体验区，利用VR虚拟现实技术，真实还原各种火灾现场环境。体验者戴上VR眼镜，瞬间身临其境，并可根据现场“火情”，学习如何处置初期火情，如何正确使用灭火器材进行火灾扑救，根据逃生标识如何正确疏散逃生，以实际操作学习消防安全知识，掌握安全逃生技能。

第七节 应急救援机制与运行

应急救援是指在突发事件发生的情况下，为将其危害降到最低，优化决策，综合分析突发事件的原因、过程及后果，并在此基础上，合理配置社会各方面有关资源，有效控制和处理突发事件的过程。

下面以我国的高铁运行的应急救援机制与运行方法为例加以说明。

高速铁路具有速度快、发车间隔短、桥梁隧道密集的特点。为适应其应急需要，我国针对高速铁路客运非正常情况、动车组脱轨事故、非正常行车、动车组车辆故障等，专门制定了应急救援机制。具体可以划分为预防和救援处置两个方面。

一、预防

在预防方面，我国高速铁路应急救援机制不仅从总体上规定了高速铁路应急救援的原则，而且对预防预警、组织指挥机构、培训和演习等方面都作了具体规定。

（一）总体原则

目前，我国高速铁路应急救援的总体原则是以人为本、安全第一、快速反应、统一领导、集中指挥、归口负责、分级管理、分工协作、紧急处置，这是提高我国高速铁路应急救援能力，确保高速铁路安全有序运行的重要方针。

（二）预防预警

当前，我国高速铁路应急救援的预防预警主要是通过监控高速铁路沿线危险源，同时，建立了与水利、地震、气象等相关部门应急联络的机制。这些预防预警方式形式较为单一，还需要铁路局及各有关站段进一步加大投入，建设高速铁路应急平台，整合并完善铁路现有安全监测监控系统，逐步建成集突发极端天气变化信息和安全信息监测监控、实时反馈、应急处置于一体的高速铁路安全预防预警体系。

（三）组织指挥机构

我国高速铁路应急救援的组织指挥机构为铁路局的高铁突发事件应急领导

小组。该应急领导小组由铁路局局长或铁路局党委书记任组长，主管副局长任副组长，下设应急领导小组办公室，总调度长任应急领导小组办公室主任，办公室设在铁路局应急救援指挥中心（调度所），承担预案启动及有关协调指挥工作。

（四）培训和演习

在培训和演习方面，规定明确要求铁路局各专业部门和单位要对应急救援人员进行岗前培训，定期进行应急情况下抢修救援知识和行车组织的培训，提高人员抢修救援业务技能和应急处置能力。但实践中，该要求的落实情况并不乐观。

二、救援处置

高速铁路应急救援处置分为救援行动时和后期处置两个方面。

（一）救援行动

在实施救援行动时，我国高速铁路应急救援机制在救援响应标准、程序、行动、处置、救护、医疗、防护、公众参与等方面都做了明确规定。具体包括：

（1）根据突发事件的影响程度和范围，将应急响应标准分为4级（Ⅰ、Ⅱ、Ⅲ、Ⅳ级），即特别重大、重大、较大、一般。以铁路总公司（铁路局）高速铁路突发事件领导小组发布某级应急响应命令的形式启动。

（2）高速铁路应急救援的响应程序是一个逐级上报、逐级审批的过程。在发生突发事件时，由有关人员报铁路局列车调度员和安全监察室值班监察；铁路列车调度员接到事件通报后，立即报告值班主任；值班主任和安全值班监察员接到报告后，立即报告总调度长、本部门负责人和铁路局应急管理办公室，并根据情况及时通知铁路局应急领导小组其他成员。启动Ⅲ级及以上应急预案时铁路局应急管理办公室报告主管副局长和局长，同时按照规定向铁路总公司和地方政府报告有关事件情况。

（3）响应行动由事发地有关单位主要领导负责。在接到突发事件信息后，尚未确定事件级别、实施分级响应之前，组织有关人员赶赴现场，进行前期处置。同时，事发地各级单位评估事件的性质、危害程度等因素，并及时向铁路局应急指挥中心（调度所）、安监室和铁路局应急管理办公室报告，当事件情况达到预案规定的应急标准时，启动预案。

（4）救护和医疗方案由事发单位确定，并由事发单位联系地方医疗机构，协助配合医疗部门开展医疗救护和卫生疾病疫情处置工作。铁路局应急领导小组根据现场请求，及时协调实施医疗救护、伤员转运及卫生防疫工作。

（5）在应急人员安全防护方面，对应急人员提出以下3点要求，分别为：启动应急救援，确保现场人员安全；参与应急救援的人员，要按照设备操作规程和标准进行安全防护；参加救援活动，必须穿戴有明显标志且符合防护要求的安全帽、防护服、防护靴等。

（6）在旅客、群众的安全防护方面，发生突发事件，按照相应应急救援预案，及时疏散旅客、群众，并进行安全防护。铁路公安局负责旅客、群众安全防护和救援处置期间的治安保卫工作。

（7）在公众参与方面，突发事件发生后，规定公众可以参与到应急救援中来，由应急领导小组或授权的救援指挥部，结合现场情况，在现场应急救援指挥部统一领导下，相关部门和公众参与应急救援行动。但是对于参与人员的标准、参与的流程并没有明确的规定。

（二）后期处置

高速铁路应急救援机制在后期处置、奖励与责任追究等方面也做出了相应的规定。具体包括：

（1）在后期处置方面，由铁路局负责组织善后处置工作，必要时应急领导小组可以参与，协助当地人民政府有关部门和单位进行善后处置工作，如清理事故现场，救治伤亡人员，安置生活困难群众，补偿紧急调集、征用的人力和物资等。

（2）在奖励与责任追究方面，由各级应急领导（指挥）小组决定奖惩。对表现突出的单位或个人，给予表彰和奖励；对玩忽职守、严重失职的责任人，给予行政处罚，构成犯罪的，依法追究刑事责任。

思考题

1. 应急管理包括哪些内容？
2. 突发事件的构成要素有哪些？
3. 应急预案演练分类有哪些？
4. 基本应急预案应该包括的内容有哪些？
5. 应急救援中技术资源包括哪些？
6. 我国应急救援机制目前存在的问题有哪些？

第十一章

职业危害与健康

第一节　职业健康安全基本定义

一、职业安全

广义的职业安全是指所有为获得生活来源的人员在工作中的安全问题，西方国家甚至拓展到“受到工作场所环境影响的社会公众”。狭义的职业安全是具有标准劳动关系，即劳动法律认可的劳动关系的个人或集体劳动者的安全问题。

二、职业健康

职业健康研究并预防因工作导致的疾病，防止原有疾病的恶化。定义有很多种，最权威的是1950年由国际劳工组织和世界卫生组织的联合职业委员会给出的定义：职业健康应以促进并维持各行业职工的生理、心理及社交处在最好状态为目的；并防止职工的健康受工作环境影响；保护职工不受健康危害因素伤害；并将职工安排在适合他们的生理和心理的工作环境中。

三、职业健康安全

狭义上的职业健康安全（Occupational Health and Safety）通常是指在劳动生产过程中，通过采取一定的措施来保护劳动者的生命安全与身心健康。例如：改善劳动环境，采取预防工伤事故发生的相关措施。广义上，职业健康安全的定义则是，以劳动者的工作环境为对象，为了防止其对劳动者的健康造成损害，通过识别不良工作环境中存在的对劳动者有害的相关因素，然后分析和评价不良工作环境中有害的因素对劳动者安全和健康的影响，继而改变和创造出一个安全、健康和高效的工作环境，进而达到保护劳动者身体健康的目的。

第二节 职业健康危害的影响因素

一、职业健康危害内涵

职业健康危害是职工生产劳动过程所发生的对人身的威胁和伤害。职业健康危害指人们所从事的职业或职业环境中所特有的危险性、潜在危险因素、有害因素及人的不安全行为所造成的危害。包括两个方面：

（一）职业意外事故

职业意外事故即在职业活动中所发生的一种不可预期的偶发事故。职业意外事故在各行业和领域均可能发生，道路交通、建筑业、工商贸、煤矿、金属与非金属矿山、火灾、水上交通、铁路交通等行业和领域，每年都有较大以上事故发生；烟花爆竹、内河水上交通、铁路交通、民航飞行、渔业、农业机械、农电等行业和领域，也时常出现不同类型的生产安全事故。近年来职业健康安全形势虽有好转，但各类生产安全事故数量和职业病患病人数仍相对较多。

（二）职业病

职业病即在生产劳动及其他职业活动中接触职业性有害因素导致的疾病。职业病与职业危害因素有直接联系，并且具有因果关系和某些规律性。从全国情况看，近年来安全生产形势有所好转，但安全事故还在高位运行。当前我国职业病患病人数令人担忧，尤其是一些中小企业，根本不重视员工的职业卫生和身体状况，忽视职业卫生防护。另外，随着生物、高端装备制造、新能源、新材料等新兴产业快速发展，引发新的职业病危害不断涌现，我国的职业病危害辨识和治理工作难度进一步加大。

二、职业病种类

根据《职业病分类和目录》（国卫疾控发〔2013〕48号），职业病可以分为十大类。

1. 职业性尘肺病及其他呼吸系统疾病

（1）尘肺病。① 矽肺；② 煤工尘肺；③ 石墨尘肺；④ 碳黑尘肺；⑤ 石棉肺；⑥ 滑石尘肺；⑦ 水泥尘肺；⑧ 云母尘肺；⑨ 陶工尘肺；⑩ 铝尘肺；⑪ 电焊工尘肺；⑫ 铸工尘肺；⑬ 根据《尘肺病诊断标准》和《尘肺病理诊断标准》可以诊断的其他尘肺病。

（2）其他呼吸系统疾病。① 过敏性肺炎；② 棉尘病；③ 哮喘；④ 金属及其他化合物粉尘肺沉着病（锡、铁、锑、钡及其化合物等）；⑤ 刺激性化学物所致慢性阻塞性肺疾病；⑥ 硬金属肺病。

2.职业性皮肤病

① 接触性皮炎；② 光接触性皮炎；③ 电光性皮炎；④ 黑变病；⑤ 痤疮；⑥ 溃疡；⑦ 化学性皮肤灼伤；⑧ 白斑；⑨ 根据《职业性皮肤病的诊断总则》可以诊断的其他职业性皮肤病。

3.职业性眼病

① 化学性眼部灼伤；② 电光性眼炎；③ 白内障（含放射性白内障、三硝基甲苯白内障）。

4.职业性耳鼻喉口腔疾病

① 噪声聋；② 铬鼻病；③ 牙酸蚀病；④ 爆震聋。

5.职业性化学中毒

① 铅及其化合物中毒（不包括四乙基铅）；② 汞及其化合物中毒；③ 锰及其化合物中毒；④ 镉及其化合物中毒；⑤ 铍病；⑥ 铊及其化合物中毒；⑦ 钡及其化合物中毒；⑧ 钒及其化合物中毒；⑨ 磷及其化合物中毒；⑩ 砷及其化合物中毒；⑪ 铀及其化合物中毒；⑫ 砷化氢中毒；⑬ 氯气中毒；⑭ 二氧化硫中毒；⑮ 光气中毒；⑯ 氨中毒；⑰ 偏二甲基肼中毒；⑱ 氮氧化合物中毒；⑲ 一氧化碳中毒；⑳ 二硫化碳中毒；㉑ 硫化氢中毒；㉒ 磷化氢、磷化锌、磷化铝中毒；㉓ 氟及其无机化合物中毒；㉔ 氰及腈类化合物中毒；㉕ 四乙基铅中毒；㉖ 有机锡中毒；㉗ 羰基镍中毒；㉘ 苯中毒；㉙ 甲苯中毒；㉚ 二甲苯中毒；㉛ 正己烷中毒；㉜ 汽油中毒；㉝ 一甲胺中毒；㉞ 有机氟聚合物单体及其热裂解物中毒；㉟ 二氯乙烷中毒；㊱ 四氯化碳中毒；㊲ 氯乙烯中毒；㊳ 三氯乙烯中毒；㊴ 氯丙烯中毒；㊵ 氯丁二烯中毒；㊶ 苯的氨基及硝基化合物（不包括三硝基甲苯）中毒；㊷ 三硝基甲苯中毒；㊸ 甲醇中毒；㊹ 酚中毒；㊺ 五氯酚（钠）中毒；㊻ 甲醛中毒；㊼ 硫酸二甲酯中毒；㊽ 丙烯酰胺中毒；㊾ 二甲基甲酰胺中毒；㊿ 有机磷中毒；51 氨基甲酸酯类中毒；52 杀虫脒中毒；53 溴甲烷中毒；54 拟除虫菊酯类中毒；55 铟及其化

合物中毒；56 溴丙烷中毒；57 碘甲烷中毒；58 氯乙酸中毒；59 环氧乙烷中毒；60 上述条目未提及的与职业有害因素接触之间存在直接因果联系的其他化学中毒。

6. 物理因素所致职业病

① 中暑；② 减压病；③ 高原病；④ 航空病；⑤ 手臂振动病；⑥ 激光所致眼（角膜、晶状体、视网膜）损伤；⑦ 冻伤。

7. 职业性放射性疾病

① 外照射急性放射病；② 外照射亚急性放射病；③ 外照射慢性放射病；④ 内照射放射病；⑤ 放射性皮肤疾病；⑥ 放射性肿瘤（含矿工高氡暴露所致肺癌）；⑦ 放射性骨损伤；⑧ 放射性甲状腺疾病；⑨ 放射性性腺疾病；⑩ 放射复合伤；⑪ 根据《职业性放射性疾病诊断标准（总则）》可以诊断的其他放射性损伤。

8. 职业性传染病

① 炭疽；② 森林脑炎；③ 布鲁氏菌病；④ 艾滋病（限于医疗卫生人员及人民警察）；⑤ 莱姆病。

9. 职业性肿瘤

① 石棉所致肺癌、间皮瘤；② 联苯胺所致膀胱癌；③ 苯所致白血病；④ 氯甲醚、双氯甲醚所致肺癌；⑤ 砷及其化合物所致肺癌、皮肤癌；⑥ 氯乙烯所致肝血管肉瘤；⑦ 焦炉逸散物所致肺癌；⑧ 六价铬化合物所致肺癌；⑨ 毛沸石所致肺癌、胸膜间皮瘤；⑩ 煤焦油、煤焦油沥青、石油沥青所致皮肤癌；⑪ β-萘胺所致膀胱癌。

10. 其他职业病

① 金属烟热；② 滑囊炎（限于井下工人）；③ 股静脉血栓综合征、股动脉闭塞症或淋巴管闭塞病（限于刮研作业人员）。

三、企业常见职业健康危害

（一）化工企业职业健康危害因素

化工生产中许多化工产品的原料、辅助物料、中间体、副产物与产品均可能是有毒物质。因此作业人员在化工生产中大多会接触到毒物；同时许多作业都会接触到粉尘；噪声对工人的影响也很大。

化学工业中的几种主要职业病危害因素如下：

（1）有毒气体。工业生产过程会产生大量有毒气体，例如：纯碱工业生产中可产生二氧化硫、三氧化硫、氨等有毒有害气体。

（2）粉尘。在化工生产中，许多作业都会接触到粉尘，例如：橡胶加工中炭黑、滑石粉的使用，以及其他操作如粉碎、拌和等生产中，都会有粉尘飞散到空气中。粉尘包括很多种，有无机粉尘、有机粉尘，还有混合粉尘。而它对人体的危害也是多种多样的。

（3）噪声。在生产过程中，由于机器转动、气体排放、工件撞击、机械摩擦等产生的噪声叫工业噪声。它一般分为空气动力噪声、机械噪声、电磁噪声三类。在化工系统中，橡胶工业的密炼机、炼胶机，染料工业的冷冻机等都能产生噪声。工人长期工作在噪声很大的环境中，听力会快速下降，并会引发多种疾病。

（二）建筑工程施工现场职业健康及环境危害因素

首先，建筑工程职业健康危害因素种类繁多、复杂，几乎涵盖所有类型的职业病危害因素，不同施工过程存在不同的职业病危害因素。其次，建筑行业职业病危害防护难度大。建筑行业的主要职业危害因素有：

（1）粉尘。建筑行业在施工过程中产生多种粉尘，主要包括矽尘、水泥尘、电焊尘、石棉尘以及其他粉尘等。其中矽尘主要产生于挖土机作业、凿岩机作业、碎石设备作业、爆破作业等，而石棉尘主要由保温工程、防腐工程、绝缘工程作业等。

（2）噪声。建筑行业在施工过程中产生噪声，主要是机械噪声和空气动力噪声。产生机械噪声的作业主要有凿岩机、混凝土破碎机、碎混凝土振动棒、建筑物拆除作业等。产生空气动力噪声的作业主要有：通风机作业、爆破作业、管道吹扫作业等。

（3）高温。建筑施工活动多为露天作业，夏季受炎热气候影响较大，少数施工活动还存在热源（如沥青设备、焊接、预热等），因此建筑施工活动存在不同程度的高温危害。

（4）振动。部分建筑施工活动存在局部振动和全身振动危害。产生局部振动的包括振动棒、风钻、射钉枪类、电钻。手动工具振动的作业主要有挖土机、推土机、移动沥青铺设机和整面机、打桩机等施工机械、运输车辆作业等。

（5）密闭空间。许多建筑施工活动存在密闭空间作业，主要包括排水管、桩基井、地下管道、密闭地下室等。

（6）化学毒物。许多建筑施工活动可产生多种化学毒物，例如：爆破作业产生氮氧化物、一氧化碳等有毒气体；路面敷设沥青作业产生沥青烟等；电焊作业产生锰、镁、铬、镍、铁等金属化合物、氮氧化物、一氧化碳、臭氧等。

（7）其他因素。许多建筑施工活动还存在紫外线作业、电离辐射作业、高气压作业、低气压作业、低温作业、高处作业和生物因素影响等。

（三）机械电气职业健康危害因素

在机械制造业之中，容易出现职业病的岗位包含有铸造、锻造、热处理、电工焊接和涂装岗位等。这些岗位通常都是半机械半手工的操作方法，每天的工作时间基本为8h，个别企业的工作时间有所延长，最长达12h。

（1）粉尘。因为企业本身所处的工艺环境相对比较复杂，在其铸造以及加工的过程中可能会运用到电焊，电焊的时候会产生大量的烟尘。据相关部门检测之后发现，在这类企业之中，大约有90%的烟尘颗粒直径不超过5μm，是一种高度分散的粉尘。

（2）毒物。在一些机械制造业生产中，涂装工艺中使用的原料都含有苯、甲苯以及甲醛等化学物质，长时间接触这些职业病危害因素的人员会发生职业中毒的情况，从而影响工人的身体健康。比如在应用锰条进行电焊的时候，会使得整个工作场所当中的二氧化锰和铅烟等有害物质含量增多。据调查分析，该类企业工作环境中的此类有毒物质浓度超标率达到6%左右。

（3）噪声和振动。机械加工过程中难免会出现机械的摩擦以及碰撞，如切割、风动工具、抛丸、剪板、砂轮打磨等过程中会产生强烈的噪声，强度往往都在100dB（A）以上，同时伴随有振动危害。

（4）高温。机械制造业中的压铸、熔炉以及热处理等工艺过程中存在生产性热源，作业场所温度特别高，尤其是在夏季。调查发现有一些企业的高温作业级别达到了Ⅰ级、Ⅱ级。

（四）冶金行业职业危害因素分析

（1）金属粉尘危害。冶金生产中的金属粉尘存在于原材料破碎、运输皮带、金属冶炼塔等生产环节。在除尘站、金属材料仓卸灰装运的过程中也会产生一些以无机物为主的粉尘颗粒。金属粉尘颗粒物是大气污染物的重要来源，同时也是冶金行业职业病的危害因素之一。金属粉尘对人体的危害主要是由于其具有吸附性和可吸入性，特别是直径10μm以下的可吸入颗粒物。冶金生产具有产尘量大、影响范围广的特点，对于金属粉尘颗粒物的防护也是冶金职业病防控的重点。

（2）毒害气体危害。冶金生产是金属材料冶炼以及化学产品回收、加工的复杂过程，其生产过程会产生多种有毒有害的气体和物质，包括一氧化碳、硫化氢、氨以及多环芳烃等，主要来源于金属冶炼、脱硫、洗脱苯等生产环节。其中多环芳烃、粗苯等都是已明确的致癌物质，流行病学现象表明冶金热炉作业人群的肺癌分布具有较明显的职业病病因学特征，冶金热炉逸散物中含有的大量致癌性多环芳烃，可使冶金热炉作业人群的肺癌率显著高于一般人群。冶金后的有害气体具有强烈的神经刺激作用，长期接触可引起支气管炎、肺炎等呼吸系统疾病。二氧化硫、氨等有毒有害物质均可对人体各器官脏器造成不同程度的损害。

（3）高温热辐射。高温热辐射伤害主要集中在冶金高热炉区岗位和一些散热设备较多的岗位，因为冶金高热炉区各岗位的工作温度普遍较高。特别是炉顶、设备两侧和冶金高热炉地下室，在没有降温设施的情况下，夏季时工作温度甚至可达到50～60℃。当工作场所高温辐射强度大于4.2J/（cm^2·min）时，即可使人体温过热，水、盐代谢出现紊乱，体温调节失去平衡，出现中暑的症状，严重时可导致热射病。

（4）噪声伤害。冶金生产中的噪声主要来自设备运行中产生的机械噪声，受害岗位主要包括备金属材料破碎机、空气压缩站、皮带运输机、制冷站以及泵机房等各类公辅设施。当噪声超过70dB时，即可对人的听力和身心健康带来比较明显的危害，使人心情烦躁，精神紧张。高频率噪声还会对心脑血管系统造成伤害，长期受害易引发高血压、动脉硬化、消化不良以及恶心呕吐等病症。

（五）建材行业健康危害因素

建材工业生产的建筑材料主要有水泥、砖瓦、玻璃、陶瓷、耐火材料、石棉制品、油毡、腻子、涂料等，危害最大的是二氧化硅粉尘和石棉、水泥、滑石等硅酸盐粉尘所导致的尘肺病。

（六）纺织工业健康危害因素

（1）粉尘。开棉、混棉、清棉及梳棉均可产生粉尘，在粉尘的长期影响下，工人易患慢性鼻炎、咽炎；接触棉、麻粉尘的疾病有纱厂热、织布工咳、急性呼吸道疾病和棉尘病。

（2）高温高湿。纺织工艺要求一定的温度和湿度，使棉纱紧固并维持一定的弹性及润滑性，减少断头的机会，因此大多在24℃，相对湿度45%～80%，夏季如不采取防暑降温措施，容易造成高温高湿环境。

（3）噪声和振动。织布车间的生产噪声最大，可达100dB左右。其次是细纱车间，有95dB左右。噪声的强度大，暴露时间长，这些车间的工人听力易受损伤。

（4）其他因素。纺织工人大多数需要站立并来回走动，扁平足、下肢静脉曲张、腰背痛可能与站立工作有关，由于两手肌肉不断处于紧张状态，易引起腱鞘炎。纺织需要视力紧张的工种很多，照明不合理会造成视力减退。使用苯胺染布和印花及干燥和蒸化过程中均可接触苯胺蒸气和液体，防护不好容易中毒，对苯胺类染料的致癌作用亦应注意。

（七）造纸行业健康危害因素

（1）粉尘。造纸行业中粉尘主要产生于备料车间中对原材料的加工、制浆过程中的填料以及抄纸过程。在切断各种造纸原料时，可产生大量粉尘。如在非木纤维备料、切碎、除渣等过程中都会产生大量的有机粉尘。造纸企业普遍存在纸粉尘。尤其近年来，因为使用容易产生纸粉尘的废纸浆和热磨木片磨木浆以及其他未漂纤维原料，纸粉尘危害加重。

（2）物理性有害因素。① 噪声：噪声是制浆造纸企业主要职业病危害因素之一。有职业卫生调查指出，几乎所有纸厂都存在噪声超标现象，一般噪声值在95～105dB，个别达到110dB以上，制浆造纸企业噪声声源主要有机械动力噪声和气体动力噪声。② 高温、高湿和热辐射：在制浆工序中采用蒸煮工艺，会产生高温、高湿和热辐射。

（3）电离辐射。对纸张进行测厚控制的放射源，可同时产生β射线和γ射线职业病危害因素。因β辐射距离有限，因此该放射源γ射线职业病危害因素为主。

（4）化学毒物类。造纸过程中可能接触多种化学品。主要有二氧化硫、氯气、硫化氢、氢氧化钠、硫酸钠、亚硫酸盐、氨、臭氧、双氧水、硫酸等。此外，一些特种造纸还可能接触松香、聚乙烯醇等。

采用不同的制浆方法接触到的化学品种也不同。机械制浆法所用化学药品较少，生产过程中存在的化学性职业病危害因素相对较少。值得引起关注的是制浆过程：在亚硫酸盐法制浆中可接触二氧化硫在漂白工序中可受到氧气危害；造纸原料为有机物，并且加工过程中使用很多含硫的化学物质，生产过程中多处产生硫化氢气体，尤其以蓄浆池、废水处理的危险性最大。我国关于蓄浆池硫化氢中毒的报告相当多，后果都相当严重。

（5）生物因素。剥树皮者可接触含有霉菌孢子的树皮粉尘；在用破布作原料时，可接触带有病菌的布屑粉尘；废纸分拣过程中可能接触病原微生物等。

（6）劳动组织与劳动过程中的职业病危害因素。为满足连续运行的需要，劳动组织实行倒班制，采取“六班四运转”或“四班三倒”等。倒班制和连续长时间工作易引起工人生活节律紊乱和职业性精神（心理）紧张等。

第三节　职业健康安全管理体系

一、实施职业健康安全管理体系的意义

职业健康安全状况是国家经济发展和社会文明程序的反映，使所有劳动者获得安全与健康是社会公正、安全、文明、健康发展的基本标志之一，也是保持社会安定团结和经济持续健康发展的重要条件。

职业健康安全管理体系是生产经营单位管理的重要组成部分，其目的是生产经营单位通过执行职业健康安全相关法律、法规、规范以及采取各项预防措施，防止员工发生工伤和疾病，保证员工的安全与健康，促进企业全面、健康的发展。实施职工健康安全管理体系并实现体系持续改善，能够促进生产经营单位职业健康安全绩效的持续提高。生产经营单位遵循职业健康安全管理体系规范建立和实施职业健康安全管理体系，将对我国的职业健康安全工作产生积极的推动作用。

（1）有利于各类职业健康安全法规和制度的贯彻执行。职业健康安全管理体系规范要求生产经营单位必须对遵守法律、法规做出承诺并定期进行评审，由相关部门判断其遵守情况。另外职业健康安全管理体系规范还要求生产经营单位有相应的制度来跟踪国家法律、法规的变化，保证生产经营单位能持续有效地遵守各项法律、法规要求。因此，实施职业健康安全管理体系规范能使生

产经营单位主动地遵守各项职业健康安全法律、法规和制度。

（2）有利于生产经营单位的职业健康安全管理从被动变为主动，全面促进职业健康安全管理水平的提高。职业健康安全管理体系规范是市场经济体制下的产物，它将职业健康安全与生产经营单位的管理融为一体，运用市场机制，突破了职业健康安全管理的单一管理模式，将安全管理单纯靠强制性管理的政府行为，变为生产经营单位自愿参与的市场行为，促进企业建立安全生产的自我约束和激励机制，使职业健康安全工作在生产经营单位由被动消极转变为主动积极。许多生产经营单位自愿建立职业健康安全管理体系，并通过认证，然后又获得认证，这样就形成了链式效应，依靠市场推动，使职业健康安全管理体系规范全面推广。这种自发的职业健康安全管理促进了生产经营单位安全管理水平的提高。

（3）有利于促进我国职业健康安全管理工作与国际接轨，并消除贸易壁垒。职业健康安全管理体系规范中重要的一条是生产经营单位应做出遵守法律法规及其他要求的承诺。生产经营单位的生产活动全部达到国家法律、法规的要求，仅是满足了职业健康安全管理体系规范的基本要求，随着国际市场一体化的过程加快，我国职业健康安全也开始与国际规范接轨，无论从市场竞争的角度，还是针对贸易壁垒的客观存在，乃至从生产经营单位的发展来看，实施职业健康安全管理体系认证都是一个趋势和方向。

（4）有利于提高全民的安全意识。实施职业健康安全管理体系规范，建立职业健康安全管理体系要求对生产经营单位的员工进行系统的安全培训，使每个员工都参与生产经营单位的职业健康安全工作，有利于提高全员安全意识。

二、职业健康安全管理体系的发展

职业健康安全管理体系（Occupational Health and Safety Management Systems，OHSMS）是20世纪80年代后期在国际上兴起的现代安全生产管理模式。

职业健康安全管理体系在国际社会及我国的发展之路一直比较缓慢，发展了20多年，才有跟质量和环保体系一样的地位。

（1）1996年，英国颁布了《职业健康安全管理体系指南》（BS8800）。

（2）1996年，美国工业卫生协会制定了《职业健康安全管理体系》指导性文件。

（3）1997年，澳大利亚和新西兰提出了《职业健康安全管理体系原则、体系和支持技术通用指南》草案、日本工业安全卫生协会（JISHA）提出了

《职业健康安全管理体系导则》、挪威船级社（DNV）制定了《职业健康安全管理体系认证标准》。

（4）1999年，英国标准协会（BSI）、挪威船级社（DNV）等13个组织提出了职业健康安全评价系列（OHSAS）标准，即《职业健康安全管理体系—规范》（OHSAS18001）、《职业健康安全管理体系—实施指南》（OHSAS18002），这两部标准并非国际标准化组织（ISO）制定的，因此不能写成“ISO18001”。

（5）1999年10月，原国家经贸委颁布了《职业健康安全管理体系试行标准》。

（6）2001年11月12日，国家质量监督检验检疫总局正式颁布了《职业健康安全管理体系规范》（GB/T28001—2001），属推荐性国家标准，该标准与OHSAS18001内容基本一致。

（7）2011年12月30日发布了GB/T28001—2011，正式实施日期为2012年2月1日。

（8）2020年3月6日，国家市场监管总局 国家标准化管理委员会（SAC）发布2020年第1号公告，批准《职业健康安全管理体系要求及使用指南》（GB/T45001—2020），该标准是等同采用《Occupational health and safety management systems—Requirements with guidance for use》（ISO 45001：2018），并代替了GB/T 28001—2011、GB/T 28002—2011。

三、职业健康安全管理体系的基本要求

（一）职业健康安全管理体系的目的

职业健康安全管理体系的作用是为管理职业健康安全风险和机遇提供一个框架。职业健康安全管理体系的目的和预期结果是防止对工作人员造成与工作相关的伤害和健康损害，并提供健康安全的工作场所；因此，对组织而言，采取有效的预防和保护措施以消除危险源和最大限度地降低职业健康安全风险至关重要。

组织通过其职业健康安全管理体系应用这些措施时，能够提高其职业健康安全绩效。如果及早采取措施以把握改进职业健康安全绩效的机会，职业健康安全管理体系将会更加有效和高效。实施符合GB/T 45001—2020的职业健康安全管理体系，能使组织管理其职业健康安全风险并提升其职业健康安全绩效。职业健康安全管理体系可有助于组织满足法律法规要求和其他要求。

（二）成功因素

对组织而言，实施职业健康安全管理体系是一项战略和经营决策。职业健康安全管理体系的成功取决于领导作用、承诺以及组织各层次和职能的参与。职业健康安全管理体系的实施和保持，其有效性和实现预期结果的能力取决于诸多关键因素。这些关键因素可包括：

（1）最高管理者的领导作用、承诺、职责和担当；

（2）最高管理者在组织内建立、引导和促进支持实现职业健康安全管理体系预期结果的文化；

（3）沟通；

（4）工作人员及其代表（若有）的协商和参与；

（5）为保持职业健康安全管理体系而所需的资源配置；

（6）符合组织总体战略目标和方向的职业健康安全方针；

（7）辨识危险源、控制职业健康安全风险和利用职业健康安全机遇的有效过程；

（8）为提升职业健康安全绩效而对职业健康安全管理体系绩效的持续监视和评价；

（9）将职业健康安全管理体系融入组织的业务过程；

（10）符合职业健康安全方针并必须考虑组织的危险源、职业健康安全风险和职业健康安全机遇的职业健康安全目标；

（11）符合法律法规要求和其他要求。

（三）“策划－实施－检查－改进”循环

GB/T 45001—2020中所采用的职业健康安全管理体系的方法是基于“策划-实施-检查-改进（PDCA）”的概念。PDCA概念是一个迭代过程，可被组织用于实现持续改进。它可应用于管理体系及其每个单独的要素，具体如下：

（1）策划（P：Plan）：确定和评价职业健康安全风险、职业健康安全机遇以及其他风险和其他机遇，制定职业健康安全目标并建立所需的过程，以实现与组织职业健康安全方针相一致的结果。

（2）实施（D：Do）：实施所策划的过程。

（3）检查（C：Check）：依据职业健康安全方针和目标，对活动和过程进行监视和测量，并报告结果。

（4）改进（A：Act）：采取措施持续改进职业健康安全绩效，以实现预期结果。GB/T 45001—2020将PDCA概念融入一个新框架中，如图11-1所示。

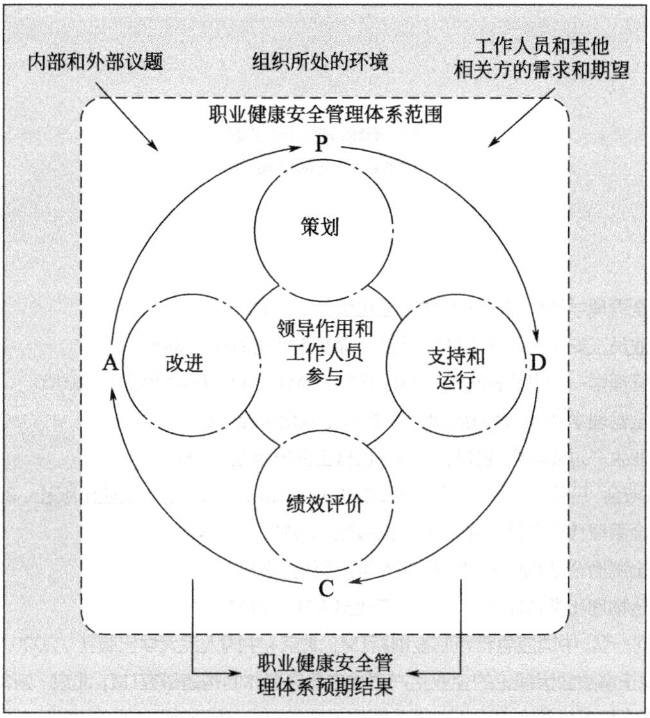

图 11-1　PDCA 与 GB/T 45001—2020 框架之间的关系

思考题

1. 简述职业健康安全的内涵。
2. 目前职业危害因素主要有哪几类？
3. OHSMS 含义是什么？有哪些运行模式？
4. 职业健康安全管理体系的基本要求包含哪些内容？

参考文献

[1] 王凯全. 安全管理学[M]. 北京：化学工业出版社，2011.
[2] 罗云. 冶金业员工安全知识读本[M]. 北京：煤炭工业出版社，2008.
[3] 傅贵. 安全管理学——事故预防的行为控制方法[M]. 北京：科学出版社，2013.
[4] 田水承. 安全管理学[M]：第2版. 北京：机械工业出版社，2016.
[5] 李振明. 工业生产过程与管理[M]. 北京：机械工业出版社，2008.
[6] 刘淑萍，张淑会. 吕朝霞，等. 冶金安全防护与规程[M]. 北京：冶金工业出版社，2012.
[7] 周兰花. 冶金原理[M]. 重庆：重庆大学出版社，2016.
[8] 彭容秋. 重金属冶金学[M]. 长沙：中南大学出版社，2009.
[9] 张家芸. 冶金物理化学[M]. 北京：冶金工业出版社，2004.
[10] 高小平，刘一弘. 中国应急管理制度创新[M]. 北京：中国人民大学出版社，2020.
[11] 牛聚粉. 基于事故致因理论的企业生产事故应急管理体制构建研究[M]. 北京：新华出版社，2018.
[12] 刘巧玲. 无人机遥感技术在水土保持监测中的应用[J]. 山东水利，2022（02）：72-73.
[13] 李爽，李佳学，于春洋，等. 灾后救援机器人的设计研究[J]. 哈尔滨商业大学学报（自然科学版），2021，37（01）：26-30.
[14] 吴学政. 新时代大学"体验式"消防安全教育馆建设体系研究[J]. 今日消防，2021，6（02）：16-17.
[15] 尹冰艳，刘卫红. 我国高速铁路应急救援机制的完善[J]. 中国安全科学学报，2018，28（S2）：180-184.
[16] 鲍江东. 我国职业健康安全管理体系评价研究[D]. 武汉：中南财经政法大学，2018.
[17] 崔晓彤. 职业安全健康行为的态度基础研究：心理授权的影响[D]. 北京：中国矿业大学，2018.
[18] 张毓龙. 我国职业安全健康合作治理体系研究[D]. 北京：中国矿业大学，2021.
[19] 张永亮，马池香. 职业卫生与职业病预防[M]. 北京：冶金工业出版社，2017.
[20] 刘泽. 基于工程分析的水泥行业职业病危害分析与控制技术[D]. 淮南：安徽理工大学，2019.
[21] 张倩. 噪声职业病危害管理系统的研究与应用[D]. 天津：天津医科大学，2020.
[22] 徐晶. 建筑施工企业安全标准化和职业健康安全管理体系整合研究[D]. 北京：中国矿业大学，2021.
[23] 戚应艳. 中国纺织行业职业安全健康监管问题研究[D]. 上海：华东政法大学，2018.
[24] 刘移民，刘建清. 职业病防治理论与实践[M]. 北京：化学工业出版社，2021.
[25] 邵辉，葛秀坤，赵庆贤. 危险化学品生产风险辨识与控制[M]. 北京：石油工业出版社，2011.
[26] 欧育湘. 阻燃高分子材料[M]. 北京：国防工业出版社，2001.
[27] 钮英建. 电气安全工程[M]. 北京：中国劳动社会保障出版社，2009.
[28] 李世林. 电气装置和安全防护手册[M]. 北京：中国标准出版社，2006.

[29] 郭宏伟，刘新年，韩方明.玻璃工业机械与设备[M].北京：化学工业出版社，2014.
[30] 赵金柱.玻璃深加工技术与设备[M].北京：化学工业出版社，2012.
[31] 王宙.玻璃生产管理与质量控制[M].北京：化学工业出版社，2013.
[32] 袁化临.起重与机械安全出版社[M].北京：首都经济贸易大学出版社，2018.
[33] 石一民.机械电气安全技术[M].北京：海洋出版社，2016.
[34] 郭泽荣.机械与压力容器安全[M].北京：北京理工大学出版社，2017.
[35] 崔政斌.张卓.机械安全技术[M].第3版.北京：化学工业出版社，2020.
[36] 张铁岗.煤矿机械安全装备技术[M].北京：中国矿业大学出版社，2012.
[37] 陈光权.机械安全标准汇编[M].北京：中国标准出版社，2002.
[38] 张普礼.机械加工设备[M].北京：机械工业出版社，2021.
[39] 张娟娟.纺织车间生产管理[M].北京：中国纺织出版社，2015.
[40]《全国安全生产标准化培训教材》编委会.企业安全生产标准化评定标准汇编[M].北京：气象出版社，2011.
[41] 陈革，孙志宏.纺织机械设计基础[M].北京：中国纺织出版社，2020.
[42] 夏征农.大辞海化工轻工纺织卷[M].上海：上海辞书出版社，2009.
[43] 万金泉，王艳，马邕文.造纸工业安全生产[M].北京：中国轻工业出版社，2010.
[44] 王品高.轻工业设备管理[M].北京：中国轻工业出版社，2002.
[45] 何北海.造纸工业清洁生产原理与技术[M].北京：中国轻工业出版社，2007.
[46] 陈克复.制浆造纸机械与设备[M].北京：中国轻工业出版社，2011.
[47] 田震.企业安全管理模式的发展及其比较[J].工业安全与环保，2006,(9);63-64.